职业技能等级认定培训教程

无人机驾驶员
（安防方向）
（中级）

中国就业培训技术指导中心
人力资源和社会保障部职业技能鉴定中心 组织编写

中国劳动社会保障出版社

图书在版编目（CIP）数据

无人机驾驶员：安防方向：中级 / 中国就业培训技术指导中心，人力资源和社会保障部职业技能鉴定中心组织编写 . -- 北京：中国劳动社会保障出版社，2025.（职业技能等级认定培训教程）. -- ISBN 978-7-5167-7060-3

Ⅰ . V279

中国国家版本馆 CIP 数据核字第 2025R813K7 号

无人机驾驶员（安防方向）（中级）
WURENJI JIASHIYUAN（ANFANG FANGXIANG）（ZHONGJI）

中国劳动社会保障出版社出版发行
（北京市惠新东街 1 号　邮政编码：100029）

*

北京瑞禾彩色印刷有限公司印刷装订　　新华书店经销
787 毫米 ×1092 毫米　16 开本　11.25 印张　181 千字
2025 年 7 月第 1 版　　2025 年 7 月第 1 次印刷
定价：31.00 元

营销中心电话：400-606-6496
出版社网址：https://www.class.com.cn

版权专有　　侵权必究
如有印装差错，请与本社联系调换：（010）81211666
我社将与版权执法机关配合，大力打击盗印、销售和使用盗版图书活动，敬请广大读者协助举报，经查实将给予举报者奖励。
举报电话：（010）64954652

编审委员会

主　任　吴礼舵　张　斌　韩智力

副主任　葛恒双　葛　玮

委　员　李　克　朱　兵　赵　欢　王小兵　贾成千　吕红文
　　　　　瞿伟洁　高　文　郑丽媛　陆照亮　刘维伟

本书编审人员

总主编　董红祥

主　编　栾润生

副主编　李　宁　邢玉秋　吴亚楠

参　编　许　杰　田宪元　杨　晨　沈剑光　梅金龙　侯晓捷
　　　　　王德高　王云龙

主　审　董正汉

参　审　唐浩文　王　萍　谈咏健

前　言

为加快建立劳动者终身职业技能培训制度，全面推行职业技能等级制度，推进技能人才评价制度改革，进一步规范培训管理，提高培训质量，中国就业培训技术指导中心、人力资源和社会保障部职业技能鉴定中心组织有关专家在《无人机驾驶员国家职业技能标准（2021年版）》（以下简称《标准》）制定工作基础上，编写了无人机驾驶员职业技能等级认定培训教程（以下简称等级教程）。

等级教程紧贴《标准》要求编写，内容上突出职业能力优先的编写原则，结构上按照职业功能模块分级别编写。该等级教程共包括《无人机驾驶员（基础知识）》《无人机驾驶员（初级）》《无人机驾驶员（植保方向）（中级）》《无人机驾驶员（植保方向）（高级）》《无人机驾驶员（安防方向）（中级）》《无人机驾驶员（安防方向）（高级）》《无人机驾驶员（航拍方向）（中级）》《无人机驾驶员（航拍方向）（高级）》《无人机驾驶员（巡检方向）（中级）》《无人机驾驶员（巡检方向）（高级）》《无人机驾驶员（物流方向）（中级）》《无人机驾驶员（物流方向）（高级）》《无人机驾驶员（技师 高级技师）》13本。《无人机驾驶员（基础知识）》是各级别无人机驾驶员均需掌握的基础知识，其他各级别教程内容分别包括各级别无人机驾驶员应掌握的理论知识和操作技能。

本书是无人机驾驶员等级教程中的一本，是职业技能等级认定推荐教程，也是职业技能等级认定题库开发的重要依据，适用于职业技能等级认定培训和中短期职业技能培训。

本书在编写过程中得到安徽智训机器人技术有限公司、安徽公安学院、江苏警官学院、中国人民公安大学、南京警察学院、南京市公安局江北新区分局、六安市公安局交警支队、合肥工业学校、杭州萧山技师学院、合肥中航职业培训学校、安徽工业经济职业技术学院、深圳市中成智航技术有限公司等单位的大力支持与协助,同时也得到安徽公安学院赵荣武副院长、科技系王胜和主任等有关专家的精心指导,在此一并表示衷心感谢。

中国就业培训技术指导中心
人力资源和社会保障部职业技能鉴定中心

目 录 CONTENTS

职业模块1 任务规划 ·· 1

　培训课程1　设备选型 ·· 3
　　学习单元1　安防任务概述 ·· 3
　　学习单元2　安防任务机型的选择 ··· 8
　　学习单元3　安防任务载荷的选择 ··· 9
　　学习单元4　安防辅助设备和系统的选择 ··· 11

　培训课程2　航线规划 ·· 16
　　学习单元1　航线类型的选择 ··· 16
　　学习单元2　飞行、作业参数设置 ··· 20
　　学习单元3　安防任务规划 ·· 30

职业模块2 任务准备 ·· 41

　培训课程1　设备安装 ·· 43
　　学习单元1　载荷安装 ·· 43
　　学习单元2　地面站安装 ··· 46
　　学习单元3　辅助设备安装 ·· 50

　培训课程2　任务调试 ·· 56
　　学习单元1　飞控系统调试 ·· 56
　　学习单元2　动力系统调试 ·· 58
　　学习单元3　飞行平台调试 ·· 61
　　学习单元4　载荷调试 ·· 64
　　学习单元5　数据、图像链路调试 ··· 66

学习单元 6　辅助设备调试 ··· 70

职业模块 3　任务执行 ·· 77

培训课程 1　飞行前检查 ··· 79
学习单元 1　链路检查 ··· 79
学习单元 2　任务航线检查 ·· 82
学习单元 3　辅助设备和系统检查 ·· 84
学习单元 4　飞行检查单填写 ··· 87

培训课程 2　飞行操控 ·· 90
学习单元 1　定点环绕飞行 ·· 90
学习单元 2　航点设置与调整 ··· 93
学习单元 3　无人机飞行状态监控 ·· 103

培训课程 3　应急处置 ··· 109
学习单元 1　起飞与降落中止操作 ·· 109
学习单元 2　飞行中更改飞行计划 ·· 111
学习单元 3　应急处置操作 ·· 112

培训课程 4　飞行作业 ··· 115
学习单元 1　载荷工作状态监控 ··· 115
学习单元 2　载荷数据获取 ·· 116
学习单元 3　载荷参数更改 ·· 118
学习单元 4　目标跟踪 ··· 121

培训课程 5　数据处置 ··· 126
学习单元 1　无人机数据导出 ··· 126
学习单元 2　载荷数据导出 ·· 128
学习单元 3　图片/视频的查看、命名 ··· 133

职业模块 4　维护保养 ··· 135

培训课程 1　维护 ··· 137
学习单元 1　拆卸安防载荷 ··· 137
学习单元 2　清洁安防载荷 ··· 142
学习单元 3　机体检查与基础维护 ·· 143
学习单元 4　系统软件及固件的升级 ··· 149
学习单元 5　紧固件检查维护 ·· 154
学习单元 6　动力系统的检查维护 ·· 156

培训课程 2　保养 ··· 164
学习单元 1　安防载荷收纳存储 ··· 164
学习单元 2　动力系统的保养 ·· 166

职业模块 ① 任务规划

培训课程 1

设备选型

学习单元1　安防任务概述

一、无人机安防任务概述

1. 无人机在安防中的应用

随着飞控、导航、通信等技术的不断发展，无人机产业迅速崛起；在机动灵活、任务载荷丰富、易操作、低成本等优势下，无人机的应用日渐广泛。安防作为智能技术应用最广的行业之一，自然成为了无人机应用的主要方向之一。在安防工作中，无人机主要的应用场景不但包括目标侦查、交通管理、设备巡检、消防救援、抢险救灾等，而且可以作为空地一体安防体系的重要组成部分，与现有地面监控系统结合，增强地面系统的快速反应与处置能力。例如，将无人机应用到区域巡查时，可视化系统与巡逻无人机相互配合，可为区域巡查提供更加快速便捷的方法，实现主动预警和快速反应；将无人机投入到异常事件处置中，无人机快速到场，可帮助安保人员及时全面了解事件，提供及时、准确、全面、直观的参考依据，同时留存相关影像资料，为科学决策和合理调度力量提供可靠支撑。

将无人机应用到安防中主要有以下优势：

（1）视野全面。无人机拥有高空作业与灵活飞行的特点，监控范围广、视野大，可解决固定视频监控和人员巡查遇到监控死角的问题。

（2）适应复杂环境。当遇到监控区域大、地形复杂、人流量大等环境，人力与传统的监控设备无法满足需要时，无人机搭载的图像传输设备可快速对异常人员和事件进行跟踪或调查，掌握实时监控信息，方便安保工作。

（3）远程疏散。当有紧急事件发生时，无人机监控设备可以及时喊话，打开挂载警灯发出灯光警示，及时疏散群众。

（4）实时监控。无人机完全可以满足日常监控需求，既可以进行推流直播、录像回看，又可以设置录像计划，节省带宽，减少人力、物力损耗。

（5）机动灵活。无人机具备飞行速度快、体积小巧、工作时噪声小、监控距离远、不易被目标发现等优势，同时还可以使用不同用途的载荷实现特定功能。

2. 无人机安防任务类型

无人机在安防领域主要应用于常规线路巡逻防范、重点巡视和异常情况快速识别、侵入警示和驱离、图像抓取和识别、异常事件快速处置等。无人机安防任务的具体类型如下：

（1）治安巡查。将无人机与应用指挥平台相融合，可结合视频、红外等监控及传输设备，在空中对复杂地形和复杂结构建筑进行治安巡查，实现实时视频指挥，并可进行异常情况预警。

（2）交通管理。无人机可用于监测交通流量，在主要道路上空进行巡逻，对相关路段的交通流量进行监测，以便指挥中心实时了解道路通行和车流变化情况，以便采取及时有效的排堵保畅措施。如遇突发事件，无人机能够快速抵达事发现场，为事件处置提供高空视野支撑。

（3）设施巡检。当前水、电、气、通信等重点管线、管廊发展得越来越快，带来了巨大的巡检压力。传统的基础设施巡检方法费时费力，还存在安全风险，利用无人机开展设施巡检可有效提高效率。

（4）消防应急。无人机可在空中通过观测复杂地形和复杂结构建筑进行火灾隐患巡查、现场救援指挥、火情侦测及防控，有效帮助消防部门及时掌握火灾现场信息、准确判断灾情，进而为科学决策提供依据，切实提高消防部门实战能力。

（5）灾害应急。相关部门借助无人机获取灾害事故信息更加简单、准确和有效，能对自然灾害进行预警。在灾害救援的工作中，无人机已成为重要力量。

（6）环境监测。无人机携带监控设备与大气监测设备，可完成对大气数据的实时监测与回传，不仅能按照提前设定好的监测路线、点位与周期进行实时监测，还能利用监控设备的截图功能，完成对污染源的排查与核对，工作全程无须人工干预，可以做到智能监管。

（7）城市管理。执法部门可利用无人机进行航拍巡查，在对航拍图片进行筛选后，可及时将存在的问题及有关图片向各个责任部门反馈；各责任部门根据航拍巡查反馈信息开展拉网式排查核实，进行彻底清理整治，从而加强城区环境卫生督查及整治能力。

二、无人机安防任务准备

执行安防任务前，安防人员要做好相关准备，关注任务区域天气等情况，检查无人机外观和挂载设备，确保环境安全、设备完好，能够安全顺利地完成任务。

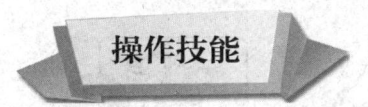

无人机安防任务准备

一、操作准备

1. 岗前交接

上岗前先检查着装是否规范整洁，提前到岗进行交接，逐项核查交接班事项，排除安全隐患。

2. 熟悉安防任务

仔细阅读安防日志，确认每日工作重点，结合安防日志，初步制订飞行计划。

二、操作步骤

步骤1　内部报备飞行

填写飞行计划表，按流程报备飞行计划。

步骤2　检查无人机外观

检查无人机外观是否有明显损坏，如图1-1所示。

图1-1　检查无人机外观

步骤3　组装调试无人机（以大疆御Mavic 2行业版为例）

1. 准备飞行器

（1）移除云台保护罩。

（2）先展开前机臂，然后展开后机臂，如图1-2所示。

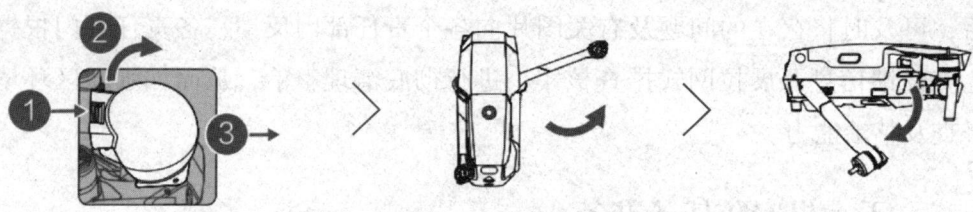

图 1-2　展开机臂

（3）安装螺旋桨。桨帽带白色标记和不带白色标记的螺旋桨分别指示了不同的旋转方向，安装完毕后展开螺旋桨，如图 1-3 所示。

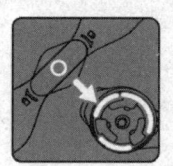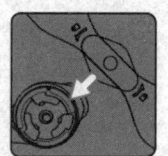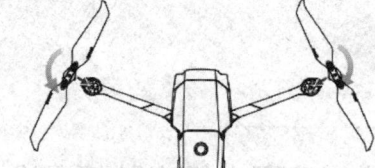

图 1-3　安装螺旋桨

注意，务必先展开前机臂，然后再展开后机臂。开启飞行器电源之前，确保云台罩已移除、前后机臂均已展开，以免影响飞行器自检。

2. 准备遥控器。遥控器包装内共包含两对摇杆，其中一对放置于遥控器背部摇杆收纳槽中，两对摇杆的安装方式相同。将背部摇杆收纳槽中的摇杆安装于遥控器的操作步骤如图 1-4 所示。

向上抬起天线　　　　取出摇杆　　　　安装摇杆

图 1-4　准备遥控器

3. 安装电池。按如图 1-5 所示方向正确安装电池，注意将电池卡扣锁紧到位，推入时应有"咔"的声音。

4. 遥控器开机。短按一次电源按键，然后长按电源按键 2 s 或直接长按电源按键以开启遥控器，如图 1-6 所示。

5. 无人机开机。短按电池开关一次，再长按电池开关 2 s 以上，即可开启 / 关闭无人机，如图 1-7 所示。

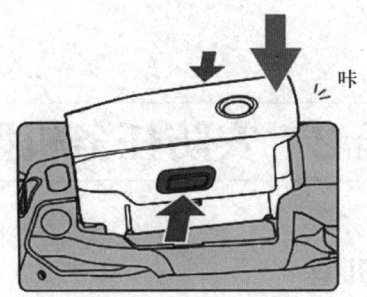

图 1-5 安装电池

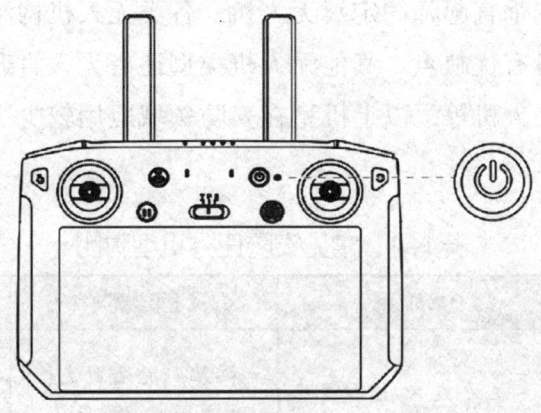

图 1-6 遥控器开机

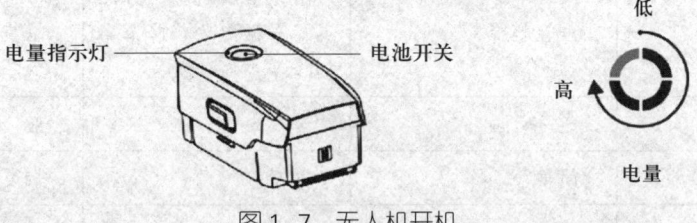

图 1-7 无人机开机

步骤 4　登录无人机管理应用平台

在计算机上录入无人机管理应用平台地址，输入用户名、密码，登录平台。

三、注意事项

无人机常用的锂聚合物电池属于易燃易爆物品，日常需储存于阴凉、干燥、通风的环境中，应远离水源、火源及高温场所，使用时发现电池鼓包等现象要及时停用，避免发生飞行安全事故。

学习单元2　安防任务机型的选择

一、常见安防任务机型

投入到安防任务中的无人机，根据飞行平台结构进行分类主要有多旋翼无人机、固定翼无人机和垂直起降固定翼无人机。各类无人机构型不同、气动原理不同，在安防工作中各有优缺点。其他无人机类型还有无人直升机、无人飞艇、无人伞翼机、扑翼式无人机等，以上机型在安防领域应用较少。常见安防任务机型对比见表1-1。

表1-1　常见安防任务机型对比

	多旋翼	固定翼	垂直起降固定翼
特点	三个及以上旋翼转动，提供升力	机翼固定无须旋转，依靠经过机翼的气流提供升力	起降过程中通过旋翼提供升力，到一定高度时旋翼提供推力，由机翼提供升力
起降方式	垂直起降	滑跑起降、弹射起飞、手抛起飞、降落伞起降等	垂直起降
能否悬停	能	否	能
操控的难易程度	简单	复杂	较复杂
起飞场地要求	低	一般需要跑道或者其他辅助方式	较低
存储运输便捷性	较便捷	有一定要求	有一定要求
续航时间	短	长	中
飞行效率	低	高	中

二、任务机型选择依据

任务机型选择需要综合衡量安防任务场景、运行场地条件、巡查区域大小及人员能力素质等条件。大多数情况下，机型选择并不是只选择一种机型，而是根据实际情况机动灵活地选择某一种或者某几种机型相互配合。

1. 安防任务场景

根据安防任务需要梳理相关安防应用场景，对于小范围且多以建筑物为主的安防区域，可以选择机动灵活易操作的多旋翼无人机，用于在固定线路治安巡逻、查看异常情况等。对于大范围或者长线路的交通管理、线路巡检等应用场景，可以选择固定翼或者垂直起降固定翼无人机，便于快速完成相关安防任务。

2. 运行场地条件

根据安防任务场地条件选择相应机型时，对于巡查区域空间不大、无人机运行场地有限的场景可以选择机动灵活的多旋翼无人机；对于巡查区域空间较大、能够提供较大无人机运行场地供无人机滑跑的场景，可以选择固定翼无人机或者垂直起降固定翼无人机；对于巡查区域空间较大但无法提供跑道等较大运行场地的场景，可以选择垂直起降固定翼无人机。

3. 人员能力素质

选择何种机型开展安防任务需要结合操控人员自身能力素质判断，各机型无人机对驾驶员的要求也各不相同。多旋翼无人机操控相对较简单，驾驶员经过短时间训练能达到一定的应用能力；固定翼无人机操控具有一定难度，驾驶员需要较长时间的训练，尤其要经过空中特情处置相关的训练，才能在应用中顺利操控无人机；垂直起降固定翼无人机的操控难度介于上述两者之间，但是其维护要求较高，需要驾驶员具有一定维护方面的专业技能。

学习单元3 安防任务载荷的选择

一、常用安防任务载荷

无人机作为空中飞行的平台，其作用的发挥主要依靠具有各种功能的任务载荷。常见的任务载荷有可见光相机、红外热成像相机、多光谱相机等以视觉感知为主的设备，也有抛投装备、喊话器、拾音器、照明设备、信号收集器、机械臂、喷火器等功能应用设备。任务载荷的功能扩展了无人机的应用范围，有效提高了应用效率。

二、常用安防任务载荷的功能特点

1. 成像设备

成像设备包括可见光相机、红外热成像相机、合成孔径雷达、激光雷达和多光谱相机等。可见光相机为无人机标配载荷,但在执行复杂的安防任务时,需要将多种成像技术融合在一个多功能成像设备中,如成至 C30N 相机,不但具有 30 倍混合变焦及超星光夜视功能,而且有高分辨率的长焦热红外镜头,可通过激光打点实现精准目标定位。

2. 照明设备

无人机照明设备利用其机动性和可多角度变换的特性,能够在紧急情况下快速提供照明,增强夜间作业能力;系留无人机结合地面供电可进行长时间空中照明。成至 GL60 Plus 云台灯在 120 W 功率下,100 m 高度的光斑中心照度达 24 lx,150 m 高度的有效照射面积达 1 225 m^2,重 750 g,适用于夜间巡逻、警示、导航等作业;成至 GL300 大功率云台灯提供稳定照明,300 W 功率,光通量超 2 万 lm,三轴云台调节灵活,爆闪模式可使人目眩致盲,适用于应急、公安夜巡、特勤、救援等。

3. 喊话设备

喊话设备适用于多种安防场景,如交通管制、现场指挥等,同时具备呼叫、报警、播放多媒体等功能,在特定条件下可实现双向通话。成至 MP130S 喊话器是无人机专用的长距离扬声装置,有效扬声距离达 500 m,支持语音广播,可快速调用常用广播内容,支持手机音频上传;体积小、重量轻、功耗低、磁屏蔽性能优异。

4. 投放设备

无人机投放设备能携带多种物质,可迅速到达目标上空精准投掷,适用于投放灭火弹、救援物资等。成至 TH4 V2 四段抛投器重 320 g,单次飞行可执行四次任务。

5. 警示设备

无人机警示设备包括爆闪灯和红蓝爆闪灯,能显著提升安防无人机的识别度,并且具有威慑作用。在夜间或复杂环境中,成至 FL48 红蓝爆闪灯特别有效,可助力救援行动高效进行。

上述举例任务载荷如图 1-8 所示。

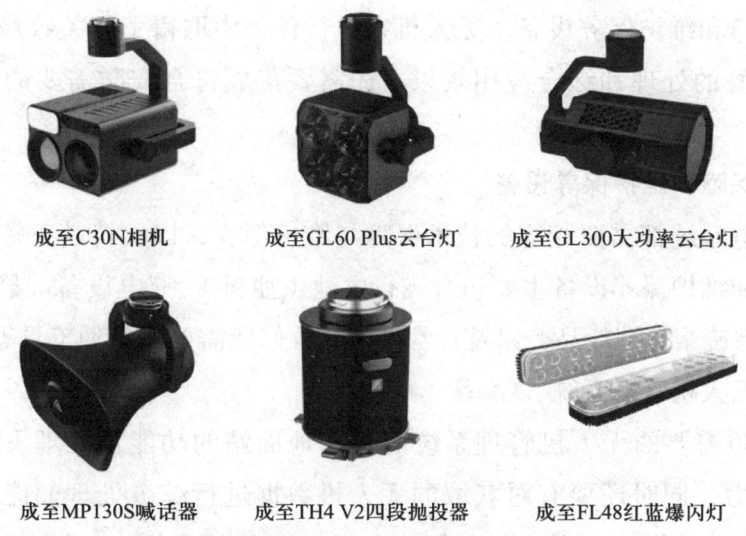

成至C30N相机	成至GL60 Plus云台灯	成至GL300大功率云台灯
成至MP130S喊话器	成至TH4 V2四段抛投器	成至FL48红蓝爆闪灯

图1-8 举例任务载荷

三、载荷选择注意事项

1. 应用场景的适配

应根据不同任务场景的具体需求选择适配的任务载荷，同时搜集了解现场限制条件，如有的场景需要无人机隐蔽、秘密地开展工作，就要选择噪声低且能视觉隐蔽的任务载荷；有的场景需要无人机本身及任务载荷发出尽可能大的声音和醒目灯光，一边开展工作，一边发挥震慑作用。

2. 机型的适配

受各种机型的载重能力、续航能力及部分数据接口的限制，不同的任务载荷都有与之相适配的机型，如前文介绍的任务载荷，有的适用于大疆M300无人机，有的专为大疆御系列无人机开发。开展安防任务前，要对各任务载荷的功能和匹配机型进行充分了解。

学习单元4　安防辅助设备和系统的选择

一、常用安防辅助设备和系统

为了持续取得良好的安防效果，在无人机执行安防任务时，无人机系统自身需要技术保障和维护保养设备。无人机在执行任务中取得了相关数据和信息，为能够得到更好的处理和综合应用效果，还需要集成符合安防需要的无人机管理系统。

1. 技术保障和维护保养设备

任何机电系统都需要相应的技术保障与维护保养，以支持其正常运转。无人机技术保障和维护保养设备主要包含飞行电池（油料）、充电设备、数据卡、数据传输网卡、螺旋桨等消耗品，以及日常操作和维修所需要的各种工具等。

2. 安防无人机管理系统

符合安防需要的无人机管理系统需要有地面站的功能及处理飞行数据、载荷数据的能力，同时还要有对获取的无人机数据进行综合处理的能力，以及相关的应用模块，强化对相关数据的智能分析，输出支撑安防工作的方案和策略。

二、安防辅助设备和系统的功能

1. 技术保障和维护保养设备

（1）易耗品。包括无人机自身磨损、飞行电池、数据卡、螺旋桨等。根据系统大小及数量需求，需要携带电池、充电设备和其他易耗品。

（2）相关工具。包括日常操作和维修所需要的各种工具，覆盖电子、电气和机械等多种类型，如电子测量仪表、电池充电器、力矩扳手、读卡器、便携式计算机、适配刀钳工具等，测试子系统功能所需要的夹具、锁具等，测量外部环境的温度计、湿度计、海拔高度测量仪、电磁环境测量仪、望远镜、手电筒等。

（3）其他辅助设备。主要包括一些装载和运输工具，以及移动电源或者发电设备等。

2. 无人机应用管理平台

建设规范统一的无人机应用管理平台，建立良好的无人机操控基础，才能精准控制无人机执行任务；对功能模块进行标准配备，才能更科学地进行高效执行和管理。下文以风筝线无人机管理系统为例进行平台介绍。

风筝线无人机管理系统是集无人机航线规划、数据传输及可视化、组织管理、设备管理、飞行成果管理为一体的无人机综合管理平台，其系统界面如图1-9所示。风筝线无人机管理系统帮助无人机使用者将无人机、驾驶员、成果、空域四大要素集合在一个平台上，通过提升现场态势感知能力、无人机资源调度管理能力、辅助指挥决策能力等，切实提高安防任务的执行效率。

图 1-9　系统界面

（1）提升现场态势感知能力。风筝线无人机管理系统可对无人机进行全流程管理，从制订计划开始到执行飞行计划实时监控现场情况，其图像回传界面如图 1-10 所示。部分区域需要巡查时，该系统可以准确定位到适合飞行的无人机状态、位置和管理人员，实现快速起飞巡查，实时全面地监控现场状况。系统还可对环境建模，并对模型进行分析，将前后模型进行对比，从而提升现场的态势感知能力。

图 1-10　图像回传界面

（2）提升无人机资源调度管理能力。利用无人机打通前线和指挥中心的管理通路，加强各个单独的设备和人员之间的联系，发挥协同作用，做到无人机相关人员、设备和组织的全要素管理，如图 1-11 所示。

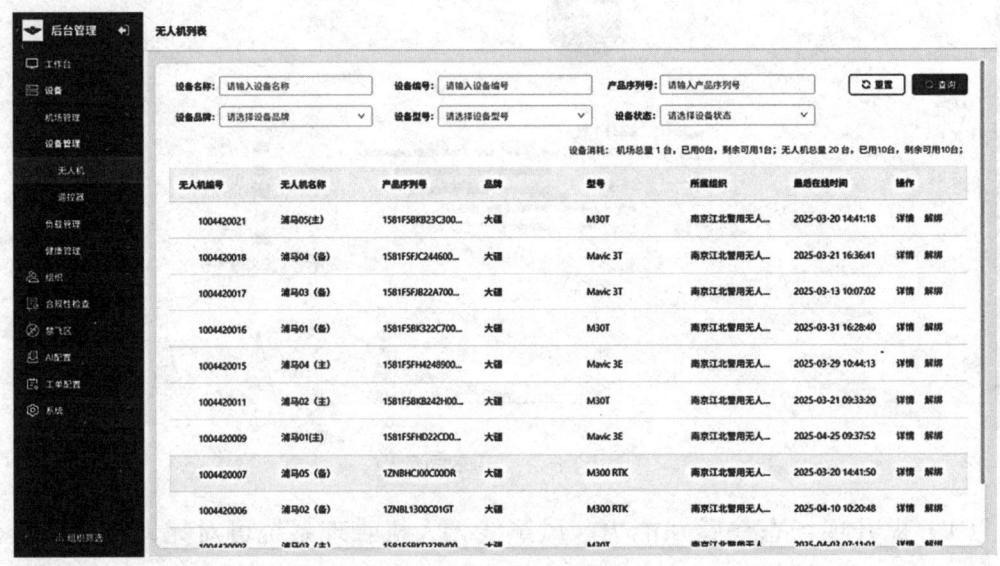

图 1-11 设备管理

（3）提升执行人员辅助指挥决策能力。利用平台进行模型的快速构建，指挥人员可以在任何地方以互联网方式进入平台，通过成果展示功能对实景二维模型、三维模型等进行查看分析，辅助指挥人员根据实际情况，合理安排人员、设备等进行安防任务，如图 1-12 所示。

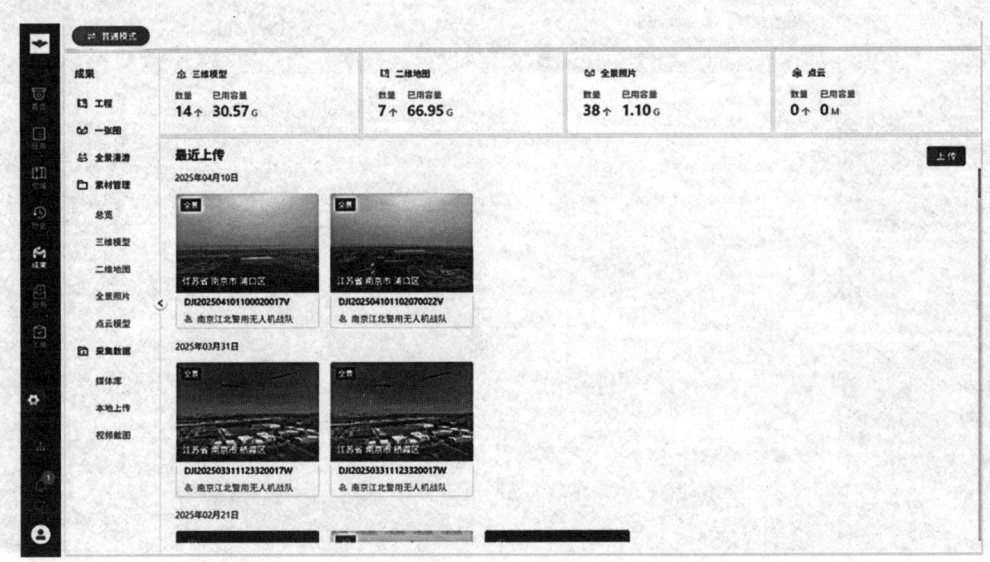

图 1-12 成果展示

三、安防辅助设备和系统选择的注意事项

1. 备用件的选择

无人机是具有良好机动性能的移动装备,在出现故障时需要确保备用件更换及时、到位,因此需要保证常用备用件种类齐全、数量充足、备份合理。

2. 电池等易损件的保管

常用锂聚合物电池应按照易燃易爆品管理,密切关注电池充放电次数、电压电流及外观状态,特别是在长途运输时需将电池妥善存放在防爆箱或者防爆包内,做好防振、防潮、恒温保管处理。飞行结束后,要做到"机电分离",确保电池的活性、稳定性和正常电压。螺旋桨长期使用会导致其机械疲劳,而且容易因不良外部环境(温度、湿度、腐蚀等)、操作不当或其他意外磕碰、误触而导致破损或折断,因此需要对其频繁检查,确保螺旋桨的外形完整、刚性良好。

3. 无人机管理平台的选择

操作简单、可靠性强、易部署及智能化等是选择无人机管理平台的基本原则。简单的交互式操作能够降低无人机管理平台的应用门槛;飞行安全无小事,无人机管理平台必须有很高的可靠性;易部署的特性则可节约安防力量、提高工作效率;智能化的功能模块能够更好地协助安防人员完成有难度的任务。

培训课程 2

航线规划

学习单元1 航线类型的选择

一、航线类型介绍

无人机航线规划指在一定的约束条件下,从起始点到目标点,寻找在无人机机动性能及环境信息(地形数据、威胁情况)限制范围内,生存概率最大、完成任务效率最高、综合指标最优的飞行轨迹。安防应用中的无人机航线主要根据任务区域特征及任务场景进行设置,主要包含航迹线、方形航线、篦形航线、S形航线、扇形航线等。

无人机航线一般可以分为三个部分:前往任务区域的航线、任务区域内的航线和返回降落区域的航线。前往任务区域的航线和返回降落区域的航线一般都为辅助航线,以规避危险为主要考虑因素;任务区域内的航线为任务航线,以成像质量、覆盖率和任务完成情况为主要考虑因素。

1. 航迹线

安防任务区域及目标任务较为明确时,可选用航迹线,即无人机投影在地面上的移动路线。根据任务需求确定航点,无人机沿着各航点进行快速、合理的飞行,始终在安防区域中最需要关注的路线上,如图1-13所示。

2. 方形航线

方形航线也称扩展盒形航线,有单机方形和多机方形两种。此种航线适用于安防任务区域不大时的日常巡查或者集中搜索任务。采用方形航线时,无人机沿目标航迹取一线段,从线段的一端进入,飞到线段的另一端;然后左转(右转)

90°，再直线飞至预定距离，左转（右转）90°，这样连续90°左转（右转），直到飞至预定目标。每段线段的长度根据实际情况和现场能见度而定，约为现场能见度的倍数。为了保证不遗漏目标，航线各边的视界应有足够的重叠部分，重叠率通常为30%~40%。方形航线如图1-14所示。

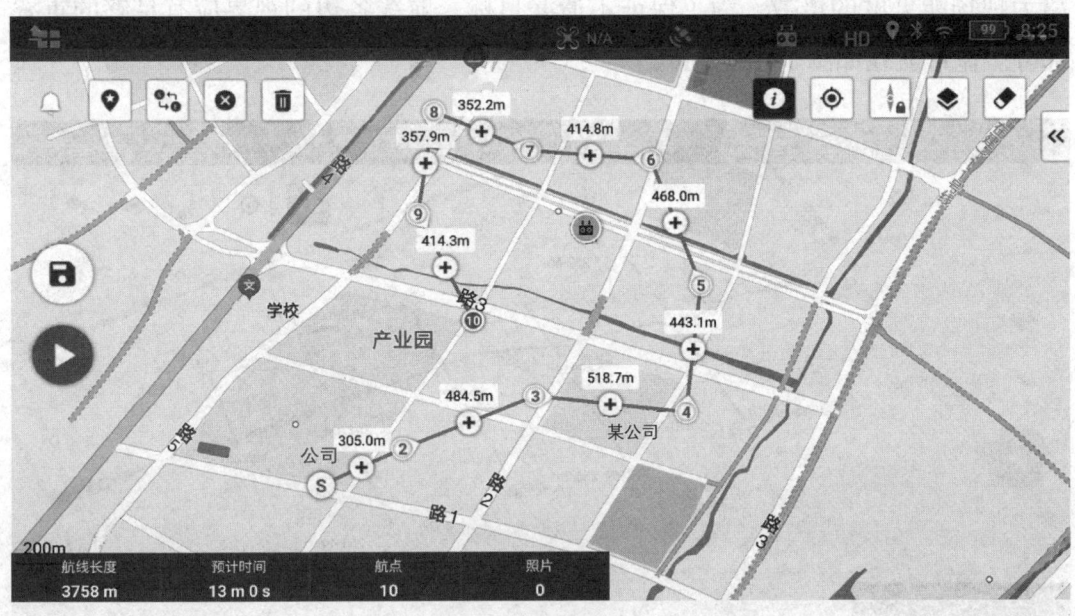

图1-13　航迹线

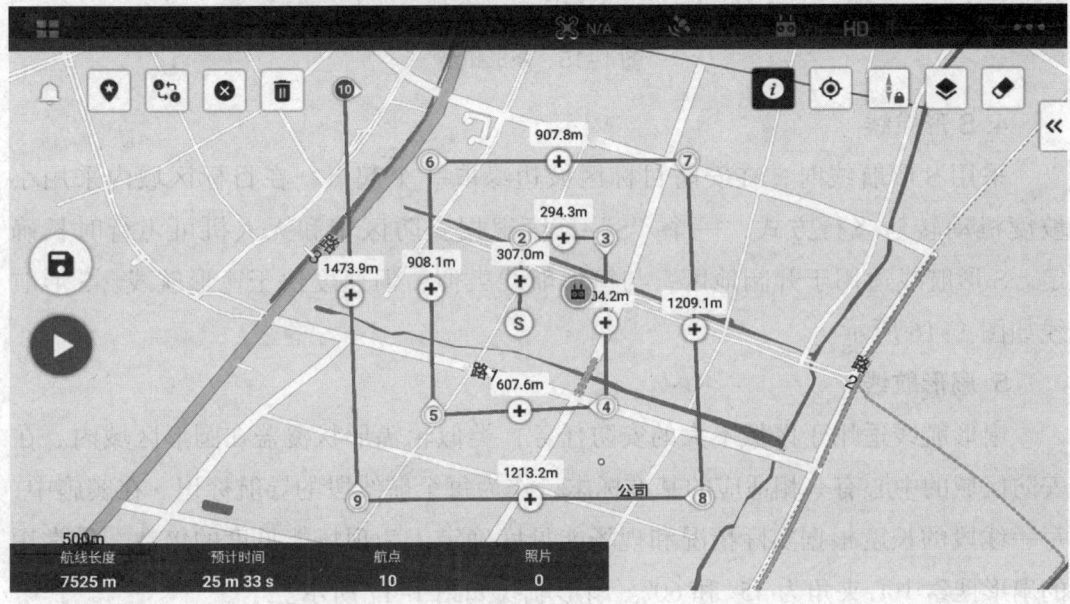

图1-14　方形航线

3. 篦形航线

采用篦形航线时，起点位于安防区域拐角处，从区域目标一侧开始，保持一定宽度的平行线往复飞行，直到飞至目标的另一侧或完成任务为止。每一线段和两平行线间的距离根据实际情况和现场能见度而定，直线长度和平行线之间的距离为现场能见度的倍数。为了保证不遗漏目标，航线各边的视界应有足够的重叠部分。篦形航线如图 1-15 所示。

图 1-15 篦形航线

4. S 形航线

采用 S 形航线时，在安防目标区域边缘取一个起点，在目标区域内采用小坡度机动转弯飞行方式，一个"S"长度根据安防区域和无人机可飞行时长确定。S 形航线适用于开阔地区，与篦形航线类似，但速度快于篦形航线。S 形航线如图 1-16 所示。

5. 扇形航线

扇形航线适用于区域不大的安防任务，类似轮辐形状覆盖在圆形区域内。在安防区域的中心有一相适应的基准标志，作为每个航线段的导航标识。在实施中，每一线段的长度根据实际情况和现场能见度确定，为现场能见度的倍数。最常用的扇形搜索中心夹角为 45° 和 60°。扇形航线如图 1-17 所示。

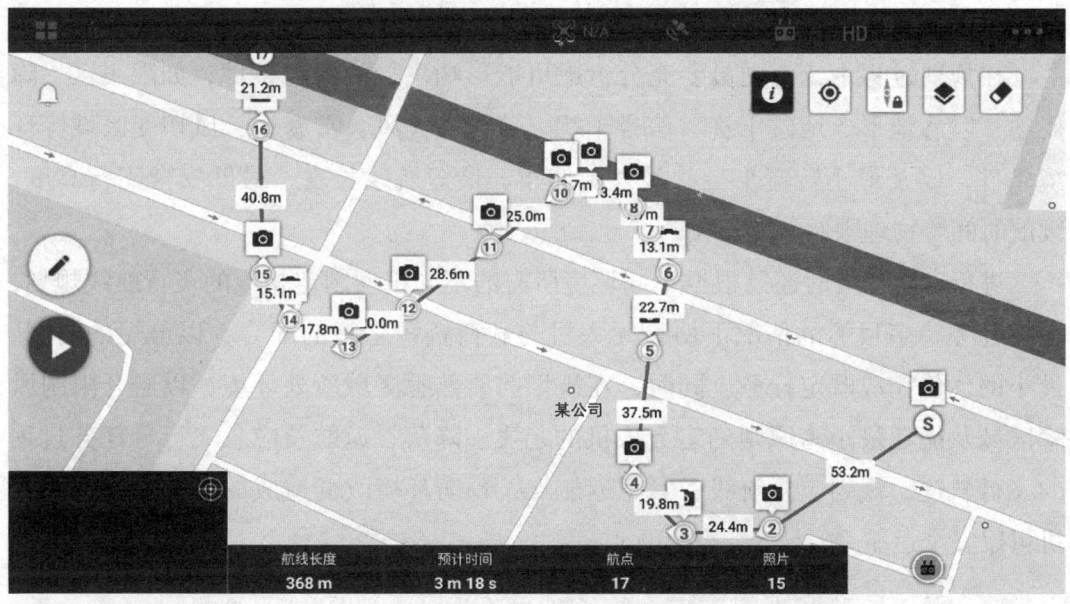

图 1-16 S 形航线

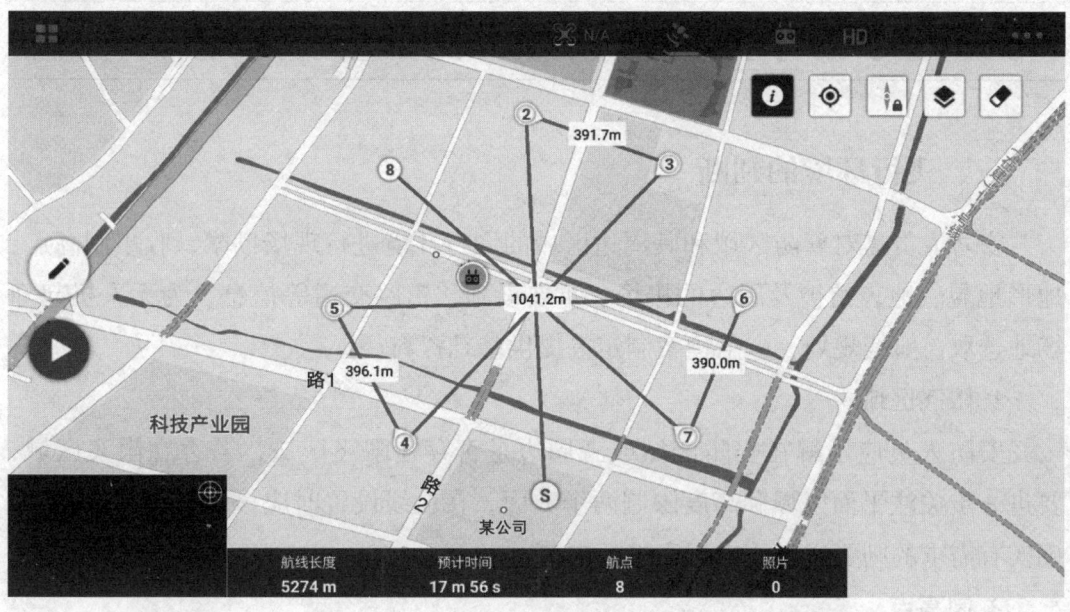

图 1-17 扇形航线

二、航线选择与识别

选择无人机航线类型时要根据无人机的任务、数量及携带的任务载荷类型，确定无人机飞行路线，综合考虑无人机的性能、到达时间、耗能、风险及飞行区域等约束条件，为无人机规划出一条或多条最优或次优航线，保证无人机高效、圆满地完成飞行任务。

在规划过程中，驾驶员要充分考虑可能影响飞行的约束条件，如限飞区、障碍物、险恶地形、地磁干扰、信号干扰、遮挡、大风、雷暴云、风切变区域等环境条件，以及最小转弯半径、最大俯仰角、最短航线长度、最低安全飞行高度、续航时间等物理限制。

进行安防任务时还需根据不同环境所需的不同机型制定相应的飞行航线规划，在多任务、多目标的情况下协调无人机与载荷资源之间的配合，以最短的时间、最小的代价完成既定任务。同时，在规划前要熟悉区域所处环境，以避开限制风险区域及能耗最小为原则确定无人机的起飞、降落、返航及应急飞行等任务过程的飞行轨迹，规划应急航线、紧急返航点，预防环境改变造成的意外，确保无人机可以安全返航。

学习单元2　飞行、作业参数设置

一、飞行环境的判断

安防人员需对安防区域和其周边区域的飞行环境进行现场勘察，收集制高点、地形地貌、地表植被及周边的机场、重要设施、道路交通等信息，为无人机起降场地选取、航线规划、应急预案制定等提供基础资料。

1. 限飞区域

安防人员应了解在安防区域或者周边是否存在限飞区域，若存在限飞区域，要进一步关注平面区域和高度限制两个方面，在航线设置时应该绕开该区域飞行，确实有需求的则要通过法定程序进行申请。

2. 制高点

安防人员应该对安防区域内的不同制高点进行调查了解，确定无人机飞行时的最低飞行高度或者绕飞策略，避免无人机与制高点碰撞，同时在飞行时考虑制高点对信号的遮挡影响。

3. 电磁环境

无人机飞行时要对安防区域范围内的高压线、通信基站、发射塔及钢结构建筑物等给予高度关注，因为上述区域都可能干扰无人机导航及遥控、图传链路系统正常工作。

4. 海拔高度

安防区域位于高海拔地区时，要注意了解无人机的升限高度，确保升限高度大于当地的海拔高度与航行高度之和。

5. 其他自然环境

在城市街道、乡镇农村等不同区域执行安防任务时，要注意搜集任务范围内的道路、水域、林地等信息，方便制定航线飞行中应急策略。

二、气象条件的判断

1. 风

安防无人机便携、起降灵活，但执行任务时常受风的影响。风的影响主要来自低空风切变，遇强风切变需注意无人机速度与姿态，及时修正航线。要注意观察风向与航向的关系，顶风返航时要计算航行速度与风速的关系，留足电量，确保无人机安全返航。

2. 温度

温度会影响无人机性能，高温增加散热负荷，低温降低电池性能和航时。无人机飞行时通过人工保温或自加热功能维持电池温度，可以保证航时和效率。

3. 雨雾

大部分无人机都具备一定的防水性能，但无人机的电机、电调、飞控、电池等主要部件均是电子设备，在雨雾中仍然存在一定的飞行风险。驾驶员应该严格按照无人机性能说明使用，并加强雨后飞行的保养维修工作。无人机飞行时还应注意雨雾可能导致的镜面结雾，采取载荷倾斜等飞行策略可以降低此情况对任务的影响。

4. 昼夜

在能见度差的日间飞行中，雾、霾等因素会缩短视距，应保持无人机在视距内或安全航线上。夜间飞行时，看不清参照物，易偏离航线或撞到障碍物，驾驶员需根据地理信息准确规划航线，控制机头朝向和位置避免迷航。

三、参数设置

1. 飞行参数设置

（1）航点。航点是在安防区域范围内设置的无人机飞行经过的点，各航点连接成的线就是无人机的飞行路线。航点应根据安防任务的需求在地图上逐点选择设置。

（2）飞行高度模式。飞行高度模式是无人机在飞行时的高度参照点，包含相对起飞点高度和海拔高度。设置为相对起飞点高度时，飞行中显示高度为相对起飞点的高度；设置成海拔高度时，飞行中显示高度为海拔高度。

（3）航线高度。航线高度可以设置为超出最高点 20 m。对于需要在障碍物中飞行的航线，应考虑飞越建筑物的高度，合理设置航线高度。

（4）起飞速度。从起飞点到达任务开始的第一个航点的速度即为起飞速度，受飞行时的环境影响，风小时可以提高速度。

（5）航线速度。执行航线飞行任务时无人机的飞行速度，需要根据当天风速、风向、航线总长度合理设置，一般为 5 ~ 10 m/s。

（6）航线总长度。根据任务需求设置航线时，在安全、合理的原则下结合各项参数考虑航线总长度。目前无人机多支持断点再续，可以适当延长飞行距离。

（7）完成动作。任务完成后，无人机应执行的动作，可根据需要选择悬停、自动返航、原地降落、返回航线起始点。

2. 作业参数设置

航线飞行作业参数与挂载设备、安防任务类型密切相关，在设置作业参数前，要收集焦距、传感器尺寸、分辨率、最小拍照间隔等相机参数。

（1）在安防区域范围内，点击地图生成航点，此时航点之间会生成一段规划航线。

（2）航线规划完成后，在画面正下方，会自动计算出执行航线的相关参数，如航线长度、预计时间、航点、面积等，可根据任务实际进行调整。

（3）拍照模式有等时间间隔拍照或者等距间隔拍照，等时间间隔拍照以飞行时间为间隔参照进行拍照，等距间隔拍照以飞行距离为间隔参照进行拍照。

（4）航带规划模式规划时以航线作为基准线，可向左右两侧进行不同距离的扩展，根据需求调整两侧外扩距离。

（5）建图（模型）规划模式规划时需要设置航向重叠率和旁向重叠率，航向重叠率是指在航线方向上相邻两张照片相同影像的重叠比例，一般设置为 80%；旁向重叠率是指在相邻航线上相邻两张照片相同影像的重叠比例，一般设置为 70%。

四、常用航线规划软件

DJI Pilot 是为 macOS、安卓系统等手机用户开发的一款远程控制 App，可与大疆行业的无人机配合实现流畅的实时图像传输、无人机控制、摄像机控制和回放，具有更高级的航线飞行、固件升级、飞行记录查看等功能。DJI Pilot 是大疆无人机常用的飞行控制软件，也是较为简单实用的航线规划软件。

操作任务 1

搜集环境信息

一、操作准备

1. 设备准备
准备一架大疆无人机和电量充足的电池，一台联网计算机和一部智能手机。

2. 熟悉安防任务
仔细阅读安防日志，确定每日工作重点，结合安防日志初步制订飞行计划。

二、操作步骤

步骤 1　查阅安防区域及周边是否存在限飞区域

可以登录"国家无人驾驶航空器一体化综合监管服务平台"查询，如图 1-18 所示；也可以使用大疆遥控器，点击"限飞信息查询"链接查询，如图 1-19 所示。

步骤 2　查询安防区域内的海拔高度

海拔高度可以通过手机指南针软件进行查询，也可使用导航地图软件查询。

步骤 3　查阅气象信息

登录"中国气象局·天气预报"网站或使用手机软件查看风、气温、雨雾等天气情况。

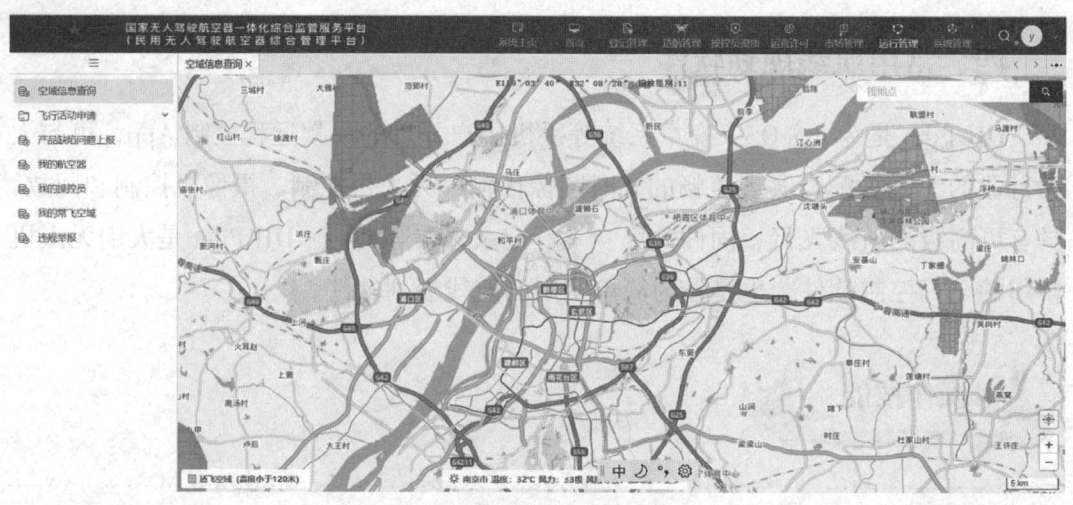

图 1-18 限飞信息查询（平台）

图 1-19 限飞信息查询（遥控器）

步骤 4　实地勘察

1. 对安防区域进行实地勘察，确认区域内制高点基本情况，如图 1-20 所示。

2. 对安防区域范围内的高压线塔、信号塔及钢结构建筑物进行勘察，如图 1-21 所示。

3. 结合电子地图标注安防区域内的道路、水域、林地等，如图 1-22 所示。

图 1-20 实地勘察

图 1-21 高压线塔、信号塔、钢结构建筑物勘察

三、注意事项

1. 使用无人机进行现场实地勘察时,要提前观察周边环境,确保飞行安全。

2. 按照飞行计划,将收集到的环境信息进行整理、归档、保存,便于后期执行任务时参考。

图 1-22 其他标注

操作任务 2

航线参数设置

一、操作准备

1. 明确航线参数的现实意义。
2. 准备一架大疆无人机和电量充足的电池。

二、操作步骤

DJI Pilot 是大疆无人机常用的航线规划软件，具有航线飞行功能模块，主要包含航点飞行、建图航拍、倾斜摄影、航带飞行等内容，在安防领域航线规划常用航点飞行和航带飞行功能。进入 DJI Pilot 航线飞行功能模块后，需要对作业名称、相机、高度模式等进行设置。

步骤 1 设置作业名称

点击"▰"对作业名称进行设置，如图 1-23 所示。

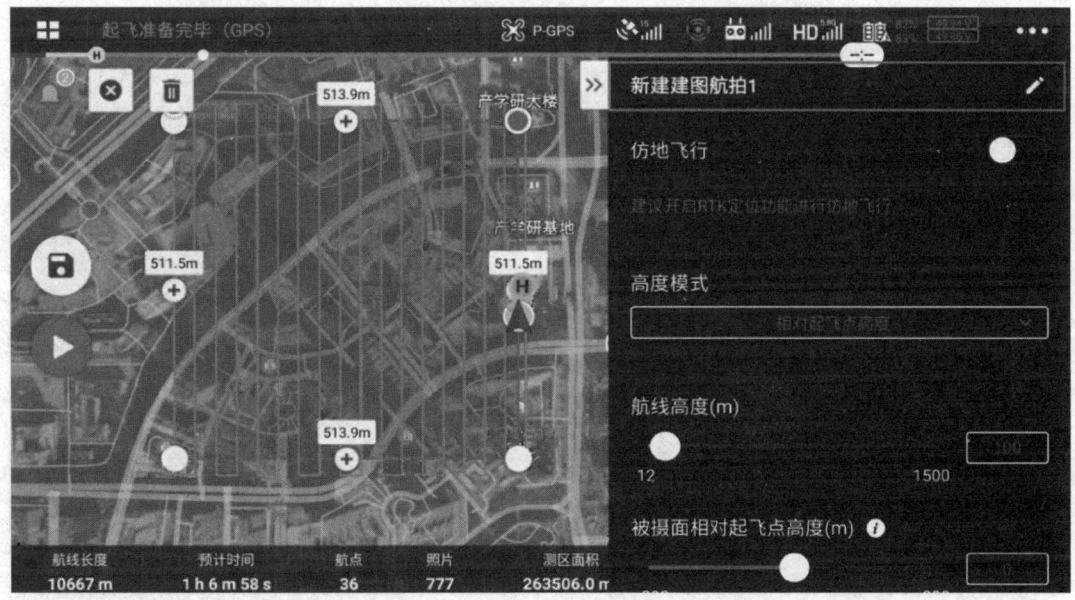

图 1-23 设置作业名称

步骤 2 选择相机

根据任务需求选择相机，并对相机参数进行设置。安防任务参数与相机焦距、传感器尺寸、分辨率、最小拍照间隔相关，在调整任务参数前，应在"选择相机"中选择所使用的相机，若相机不在预设的型号内，可选择"自定义相机"，并根据相机参数填写相应数据，其中焦距应填写相机的真实焦距，如图 1-24、图 1-25 所示。

图 1-24 选择相机

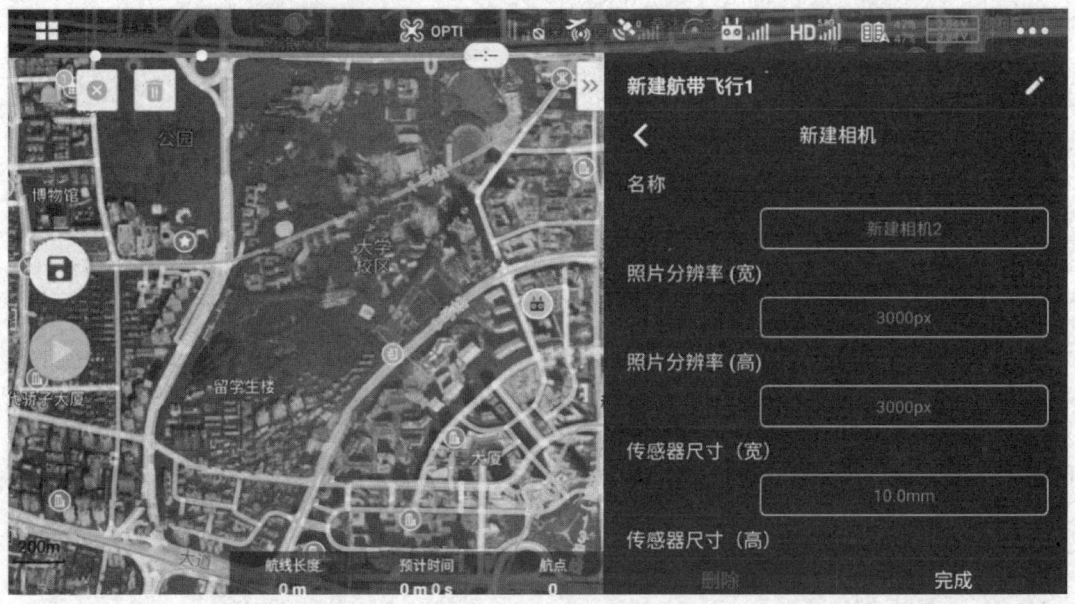

图 1-25 填写相机参数

步骤 3 设置高度模式

高度模式包含相对起飞点高度和海拔高度，如图 1-26 所示。相对起飞点高度是指飞行器飞行的高度相对于起飞点的高度；海拔高度是指飞行器飞行高度的实际海拔高度（不同飞行器的海拔高度模型不同，以 App 实际提示为准）。

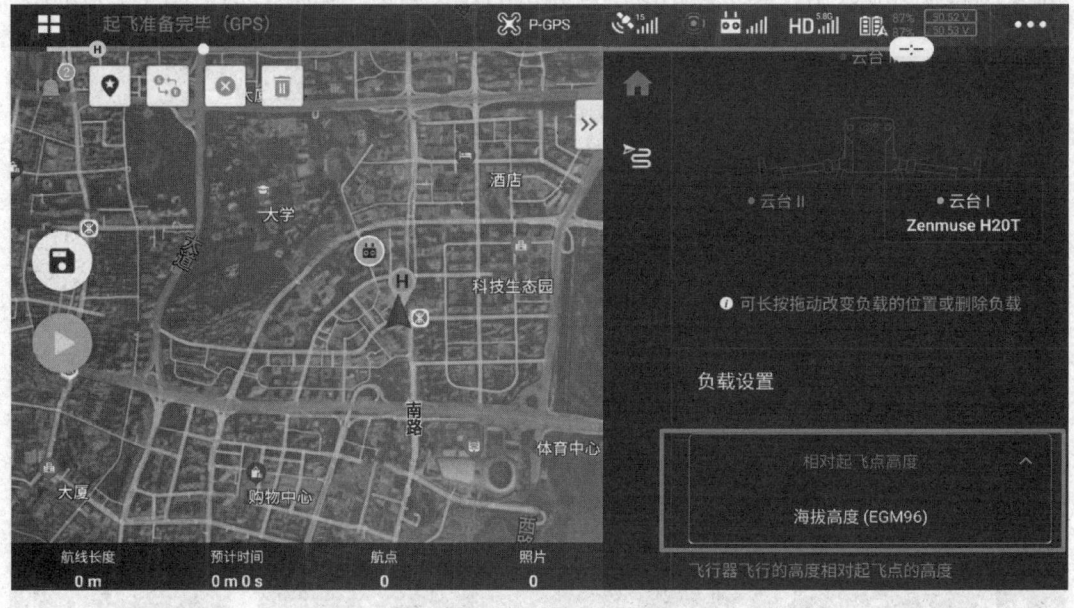

图 1-26 设置高度模式

步骤 4　设置起飞速度和航线速度

起飞速度是指从起飞点到达任务开始的第一个航点的速度，航线速度是指执行航线飞行任务时无人机的速度，二者设置如图 1-27 所示。

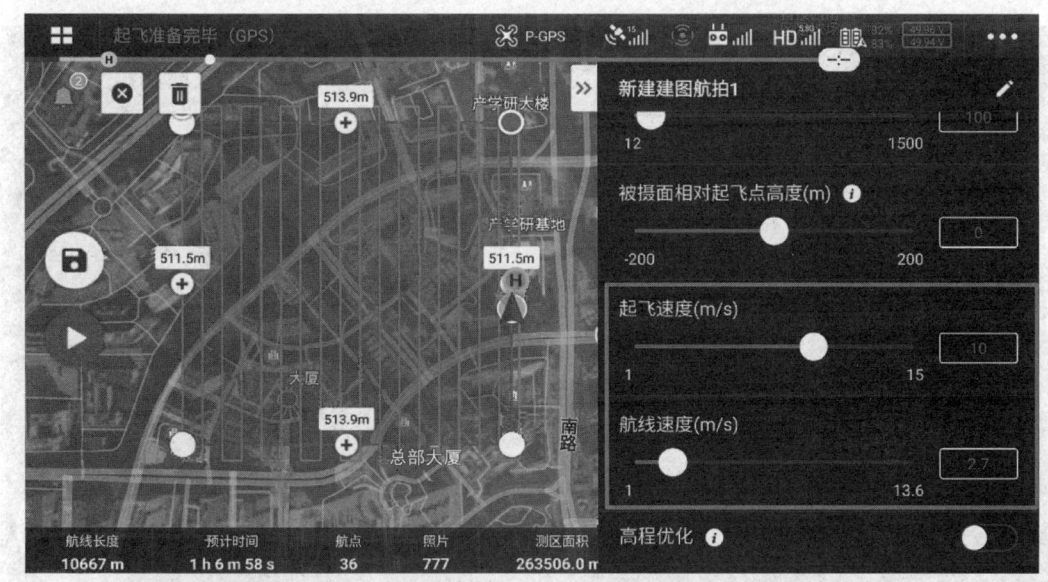

图 1-27　设置速度

步骤 5　设置完成动作

航线任务完成后，无人机可根据需要选择悬停、自动返航、原地降落、返回航线起始点等完成动作，如图 1-28 所示。

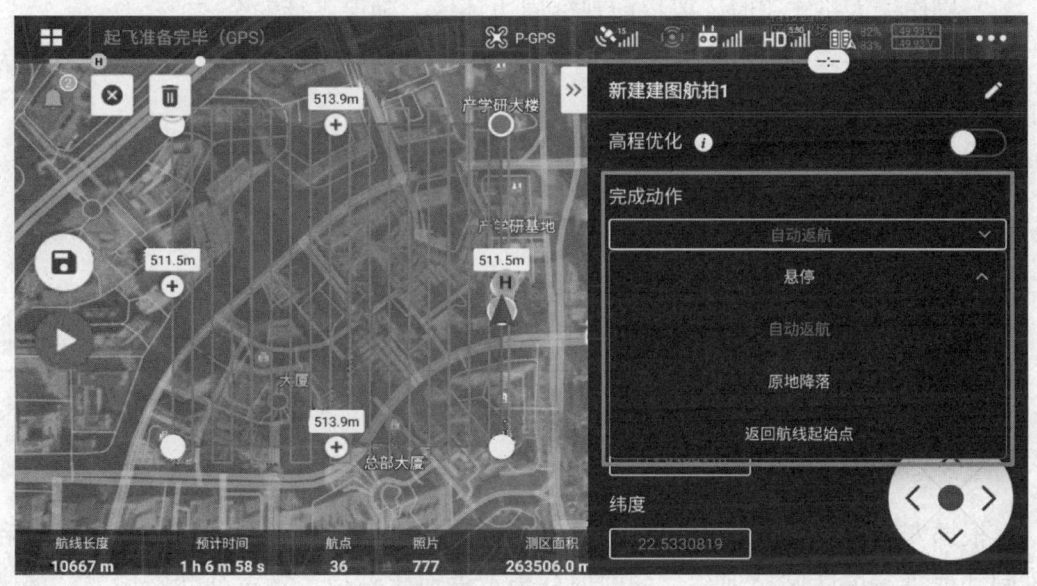

图 1-28　设置完成动作

步骤 6　调整航点

航点在被选中时会由白色变为蓝色，选中后可以通过在地图上拖动，可以修改经纬度信息或使用"⊕"对航点位置进行调整，如图 1-29 所示。

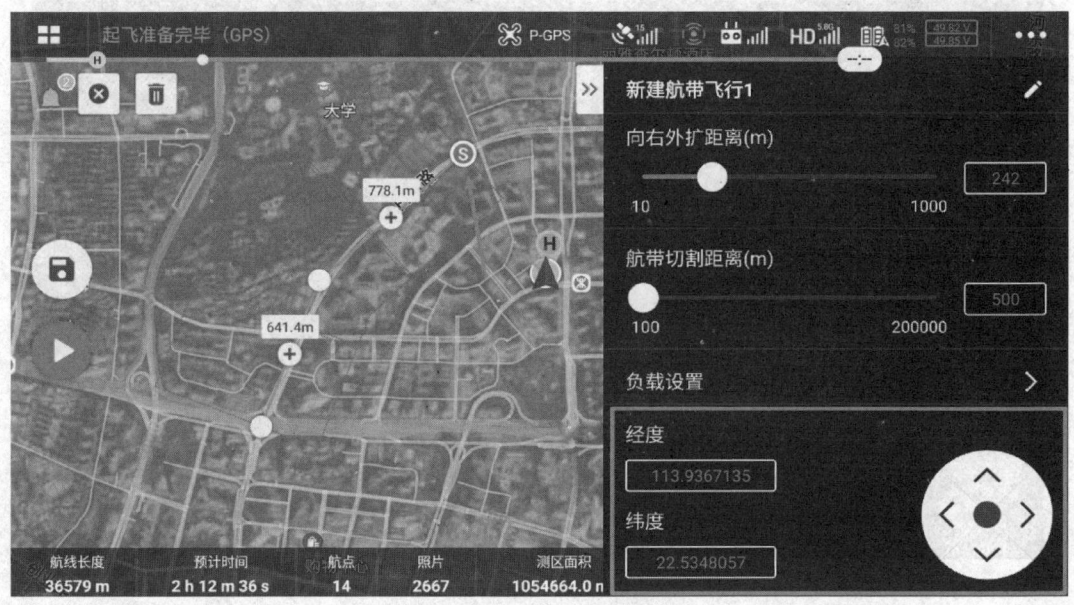

图 1-29　航点位置调整

三、注意事项

1. 进行无人机通电设置时，注意周边环境，确保无人机自身安全。

2. 操作无人机实飞时，要提前观察周边环境，确保飞行安全。

3. 无人机按照航线飞行时，要时刻关注无人机高度和姿态，发现异常及时人工介入处置。

学习单元 3　安防任务规划

一、安防区域划分

根据安防区域自身特点和防护对象的重要程度，针对不同部门、不同场景和不同功能进行安防区域划分，分别划分为重点要害部位、重点公共区域、一般区域。安防区域划分可为无人机航线规划的重点任务提供相关依据。

二、飞行任务区域划分

在对安防区域内地形、地貌和建筑物情况,以及执行航线任务时天气情况、人员活动等信息调查了解的基础上,确认无人机可安全飞行区域、应急降落区域、禁止飞行区域及电磁干扰区域等。

安防区域和飞行任务区域都可在安防区域电子地图上进行划分,并对重点区域进行标注,便于统筹指挥和调度,尤其要划分出应急降落区域,以便在特殊情况时供无人机紧急备降。

任务规划的实施

一、操作准备

1. 明确各类航线的特点和参数设置要求。
2. 准备一架大疆无人机和电量充足的电池。
3. 寻找适合的训练空域。

二、操作步骤

步骤1 KML(标记语言)文件导入

进入 DJI Pilot 页面,依次选择"航线飞行""KML 导入",根据 KML 任务类型选取对应的"航点飞行""建图航拍""倾斜摄影"或"航带飞行",进入内部存储,选择建好的 KML 文件,如图 1-30 所示。如需修改参数,需参照各类任务手动规划的方法。修改完成后,依次点击"保存""执行航线""上传任务""执行任务"即可。

步骤2 航点飞行

航点飞行支持用地图选点和在线任务录制两种方式创建生成任务,如图 1-31 所示。

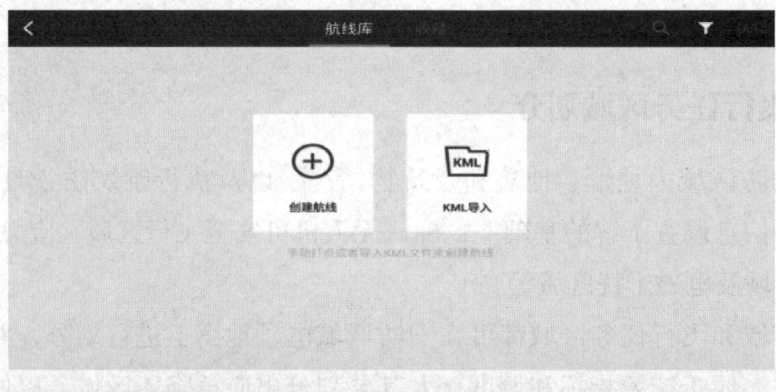

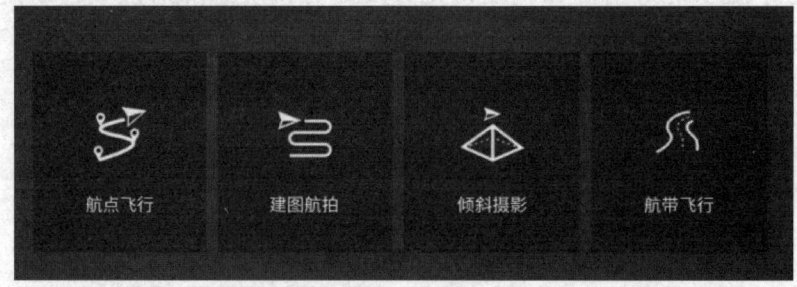

图 1-30 设置界面

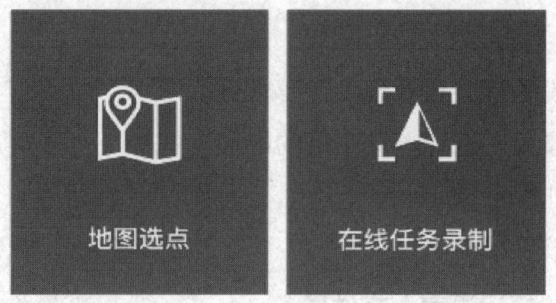

图 1-31 选点设置

1. 地图选点。通过在地图页面中编辑航点生成航线，常用图标含义如图 1-32 所示。

2. 在线任务录制。在飞行过程中记录飞行器打点、拍照等信息自动生成航线，操控无人机开始按照需求路线飞行。任务录制如图 1-33 所示。

（1）点击图中标记为"1"的拍照键或"C1"快捷键，航点数量与照片数量会增加。

（2）图中标记为"2"的是当前航点数量。

（3）图中标记为"3"的是当前照片数量。

（4）点击图中标记为"4"的小地图可以将地图页面放大，并进行编辑。

图 1-32 地图选点常用图标

1—兴趣点　2—航线反向　3—清除航点　4—删除选中航点　5—参数主页
6—航线设置　7—单个航点设置　8—航线信息　9—执行　10—保存

图 1-33 任务录制

步骤3　航带飞行

1. 进入 DJI Pilot 页面，依次选择"航点飞行""创建航线""航带飞行"，进入航带飞行设置页面，如图1-34所示。

2. 选择相机。如果推荐列表中没有对应相机，可以选择"自定义相机"，设定相机参数，如图1-35所示。

图1-34 航带飞行设置页面

图1-35 选择相机

3. 点击地图生成航点，完成航带规划，如图1-36所示。

4. 此时航点之间会生成一段规划航线，此航线作为基准线，可向左右两侧进行不同距离的扩展，支持选择"同时调整外扩距离"，单侧外扩距离最小为10 m，最大为1 000 m，如图1-37所示。

5. 由于单次飞行距离有限，当规划航线过长时，可以对航线进行切割，分段飞行，单独设置每个点的经纬坐标。航线规划完成后，会自动生成航线长度、时间、航点、面积等信息。

6. 点击"航线"，设定航线速度、作业模式、拍照模式、完成动作等，如图 1-38 所示。

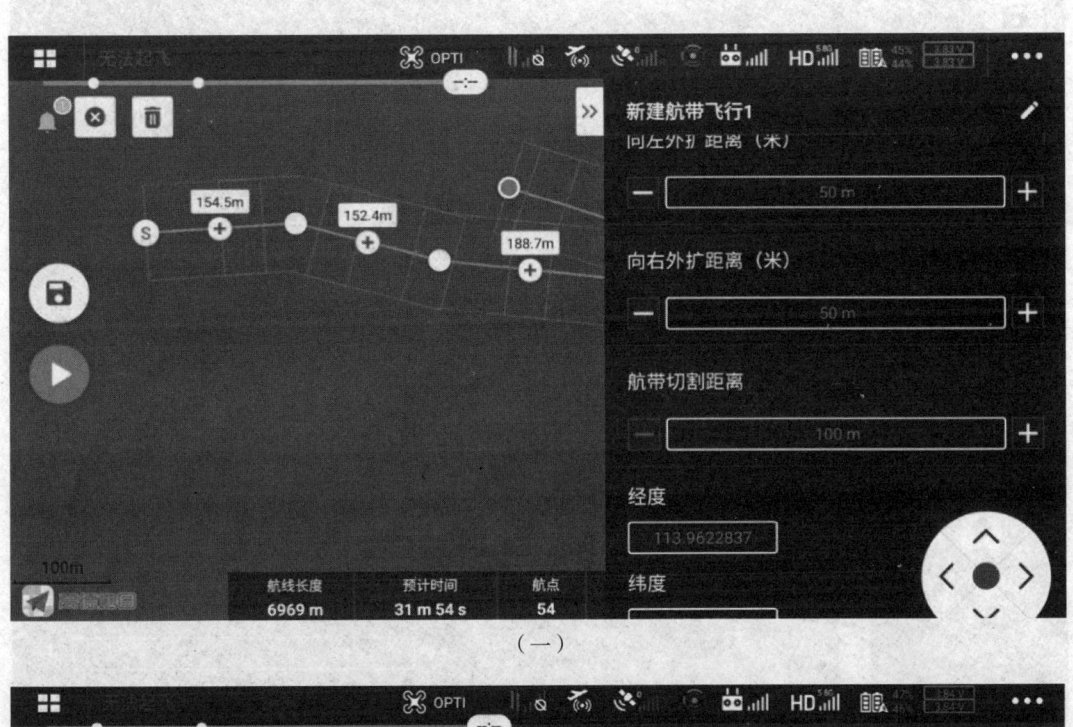

（一）

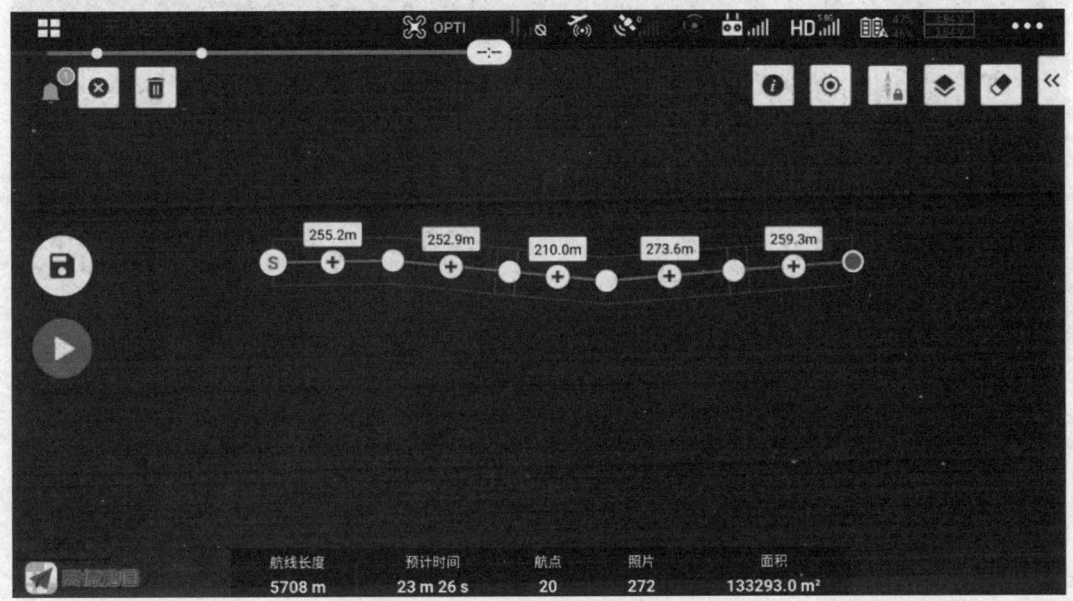

（二）

图 1-36 航带规划完成

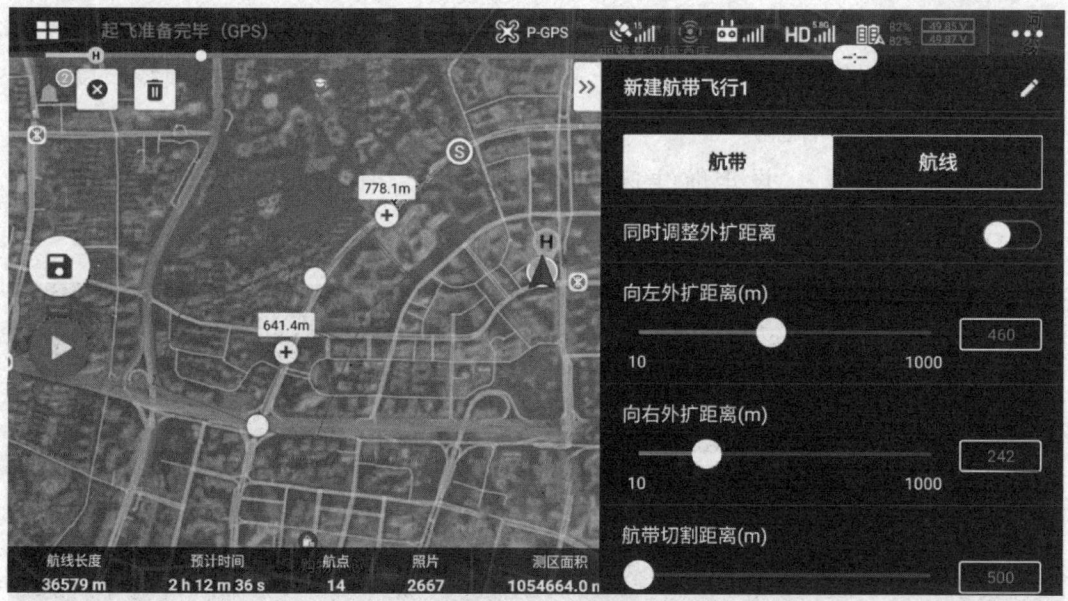

图 1-37 扩展设置

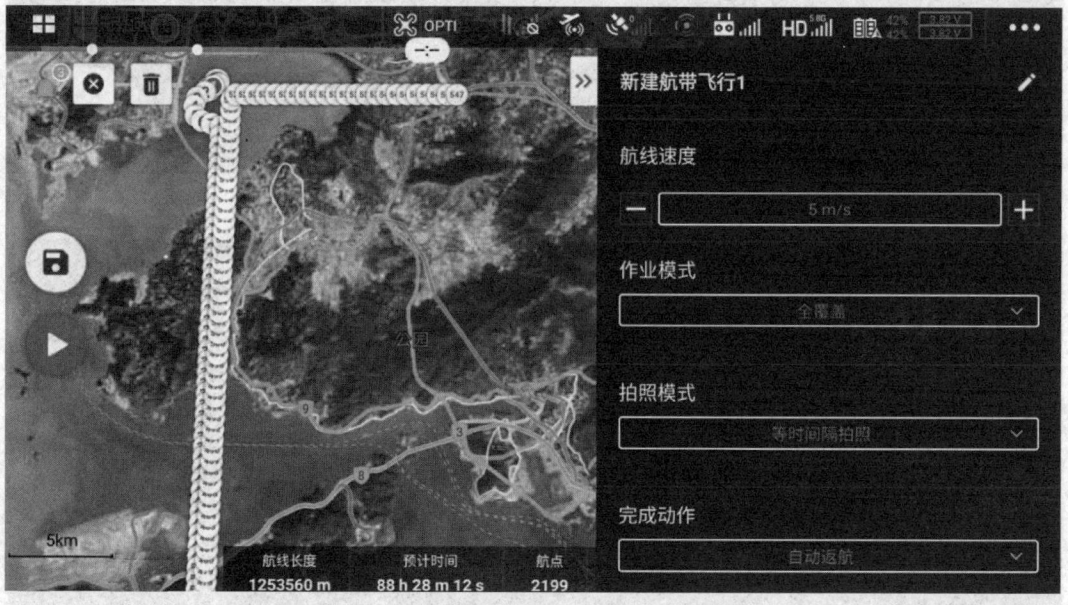

图 1-38 分段飞行设置

作业模式可以选择全覆盖或者高效率，如图 1-39 所示。高效率模式的航线数量会少于全覆盖模式，可以更快速地完成作业任务；全覆盖模式能够保证规划区域内外的图像采集更加完整，但作业效率相对要慢一些。

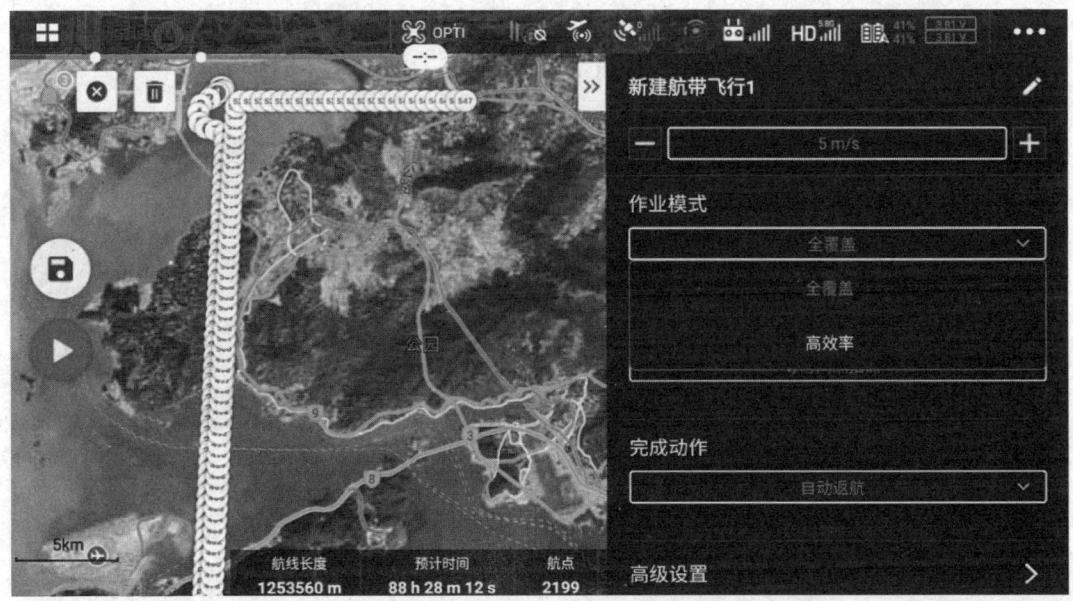

图 1-39　作业模式选择

7. 高级设置中，可以根据任务所需要的图像精度设置重叠率，其中同一航线上两相邻图像的重叠率称航向重叠率，相邻航线之间两相邻图像的重叠率称旁向重叠率，没有特殊要求的任务可以选择默认重叠率，如图 1-40 所示。

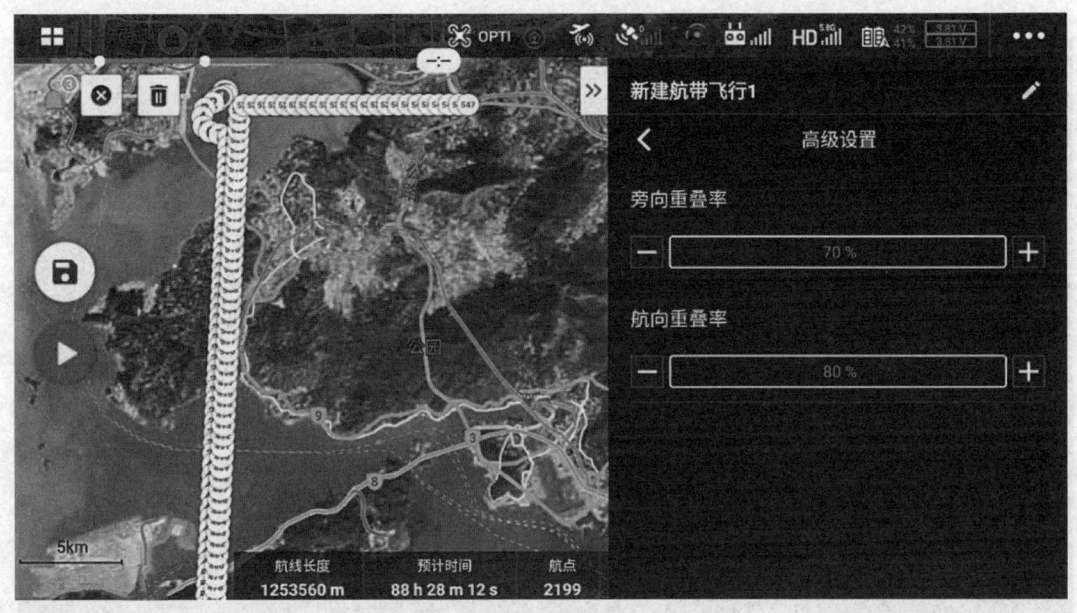

图 1-40　重叠率设置

8. 规划完成后，输入作业名称，点击保存即可。如果不需要修改作业名称，App 会自动生成航线名称，如图 1-41 所示。

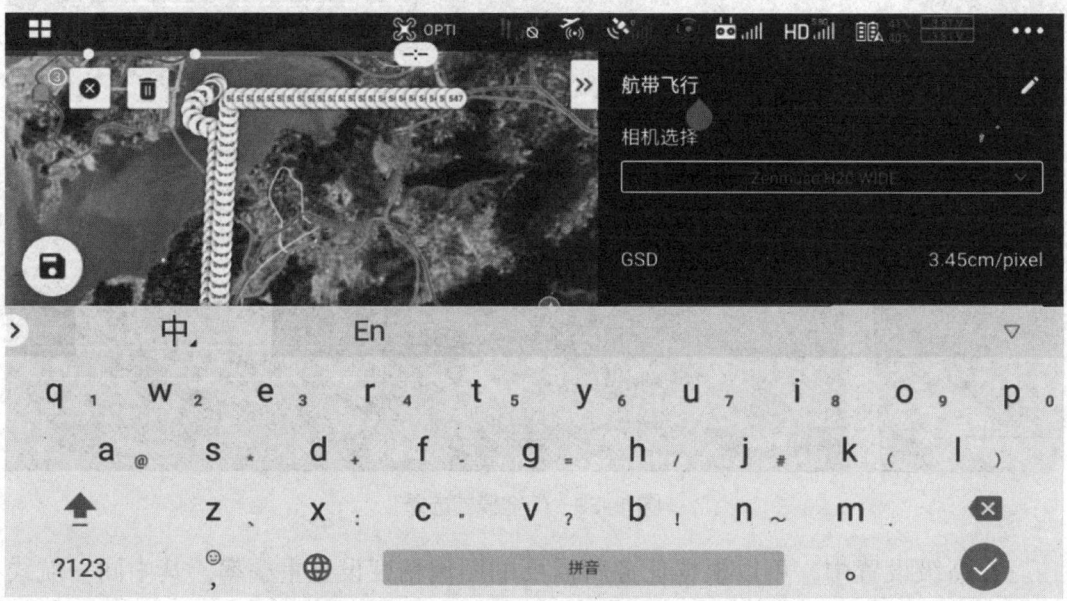

图 1-41　命名保存

9. 先点击"🅱"图标保存，然后点击"▶"图标执行航线，如图 1-42 所示。

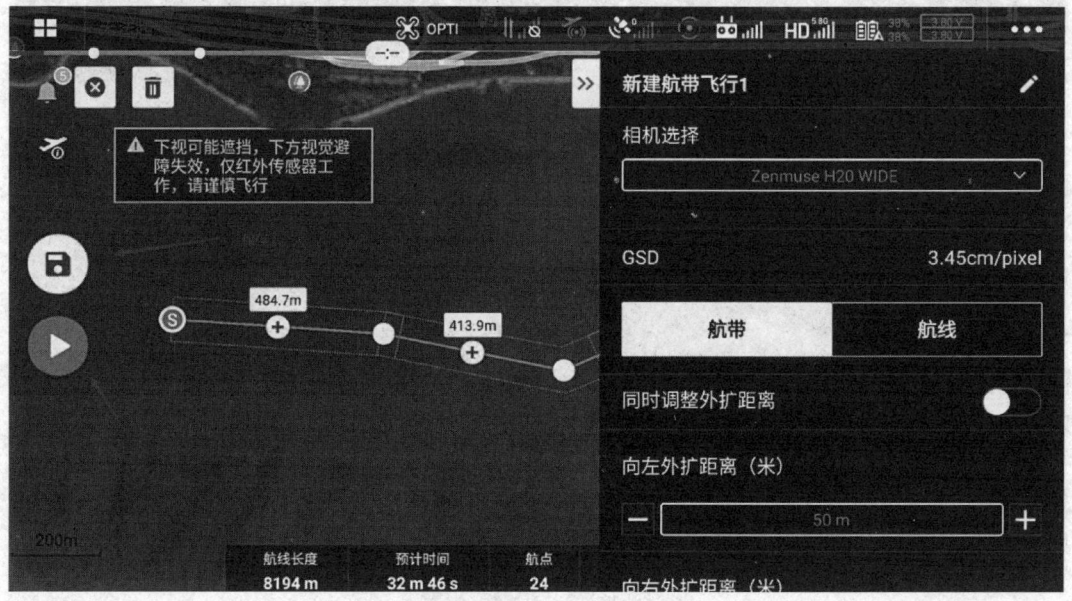

图 1-42　保存执行

10. 选择需要执行的航带，选中的航带颜色会变深，然后点击蓝色框"执行选中的 X 条航带"，如图 1-43 所示。

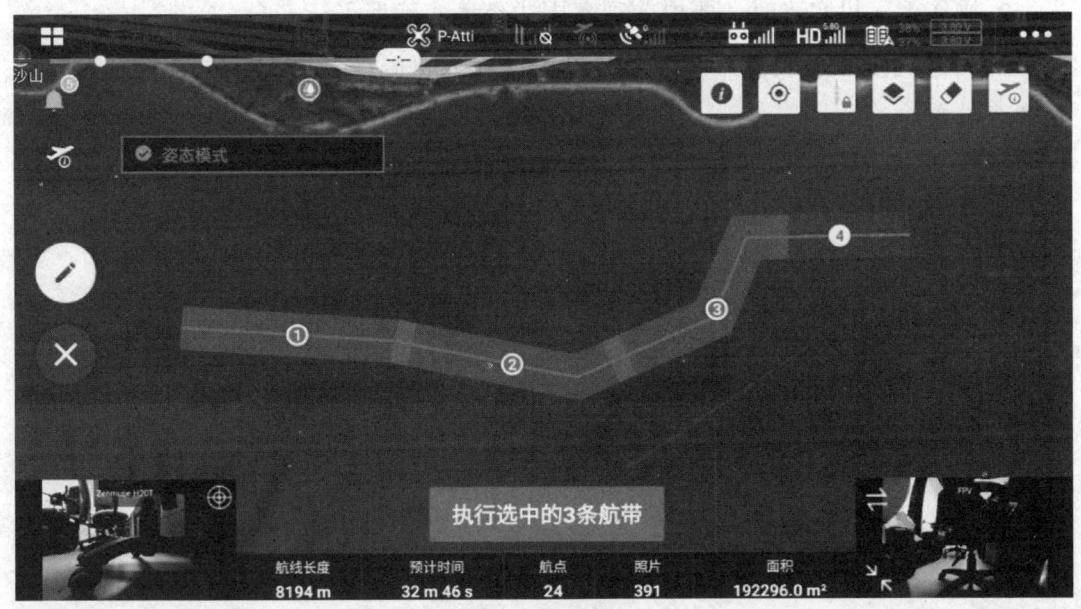

图 1-43　执行选择

11. 待选择的航带作为规划好的航线上传成功后，即可开始执行任务，如图 1-44 所示。

图 1-44　执行任务

三、注意事项

1. 进行无人机通电设置时,注意周边环境,确保无人机自身安全。
2. 操作无人机实飞时,要提前观察周边环境,确保飞行安全。
3. 无人机按照航线飞行时,要时刻关注无人机高度和姿态,发现异常及时人工介入处置。

职业模块 ② 任务准备

培训课程 1

设备安装

学习单元 1　载荷安装

安防无人机主要指飞行平台搭载具有安防功能的载荷组成安防整体的一类无人机。无人机的有效载荷也叫任务载荷，指无人机上携带的各种设备和仪器，用于执行特定的任务。无人机任务载荷包括相机、传感器、雷达、通信设备等类型，取决于无人机的应用领域。任务载荷的重量和大小会根据无人机的设计和用途而不同。随着微电子、信息和人工智能等技术的发展，种类繁多、性能各异的任务载荷已进入了一个全新的快速发展时期。

目前无人机任务载荷大致分为四类：光电类，侦查监控、巡视；投放类，武器、架线；获取类，大气监测、采样；其他类，通信、实验、中继等。

一、常用任务载荷

1. 可见光载荷

可见光载荷是搭载在无人机载体上，用于接收并处理可见光波段电磁波的设备。可见光载荷主要有相机、激光测距仪、光谱仪、高分辨率成像仪、红外相机等，其最大的优点是具有极高的分辨率，目前其他成像探测器还无法达到。可见光载荷主要用于从空向地的高清侦查，进行现场画面的录制与拍摄，对于安防过程中发现的可疑情况可以及时固定证据，进行分析研判。可见光相机如图2-1所示。

2. 红外热成像相机

红外热成像相机可通过探测目标的红外辐射，将目标的红外图形转换为可见光图形，发现并获取目标参数。红外热成像相机的主要作用是昼夜探测、监视、跟踪目标，主要用于夜间的安防任务，常配备于林区、山区较多，不便于人员进行安防活动的区域，能发现安防区域热源并对热源进行模糊判断，可有效提高安防作业人员的工作效率。红外热成像相机如图2-2所示。

图2-1 可见光相机　　　　图2-2 红外热成像相机

二、特种任务载荷

1. 激光雷达

激光雷达是激光探测及测距系统的简称，是通过向探测目标发射激光束测量目标有关信息的光学遥感设备，集激光、全球定位系统（GPS）和惯性导航系统（INS）于一身，其所测得的数据为数字表面模型（DSM）的离散点，数据中含有空间三维信息和激光强度信息。应用分类技术在这些原始数字表面模型中移除建筑物、人造物、覆盖植物等测点，即可获得数字高程模型（DEM），并同时得到地面覆盖物的高度。激光雷达如图2-3所示。

图2-3 激光雷达

2. 专业安防载荷

专业安防载荷包括机载喊话器、吊载机械手、机载抛投箱、灭火弹装置、网枪发射器等具有驱散性与警戒性的模块，通常可以根据安防任务具体需求选用特定的模块。如在疫情防控中，利用机载抛投箱对封控区进行紧急药品抛投，利用机载喊话器对检查卡口进行喊话告知；在林区运用中，运用光电吊舱发现禁火防控区出现的火苗，使用灭火弹装置、吊载机械手尽快处置，减少因火势蔓延带来的财产损失；在群体性事件的处置中，运用机载喊话器、催泪瓦斯模块等及时固定现场证据后进行必要的行政强制手段管控非法聚集活动，充分发挥空中优势，有效地掌握与控制事态发展。

安装载荷

一、操作准备

审阅相关技术文档和操作手册，确保对安装过程有充分了解。将装有载荷的保护箱打开后取出载荷，核对载荷的规格参数，检查载荷的结构是否完好无损，检查接口处是否有异物、杂质，准备必要的工具和设备，如扳手、旋具等。

二、操作步骤（以大疆禅思 Z30 远摄变焦云台相机为例，见图 2-4）

步骤 1　保护装置移除

移除云台保护盖。

步骤 2　接口位置对正

对齐云台相机上的白点与飞行器接口上的红点。

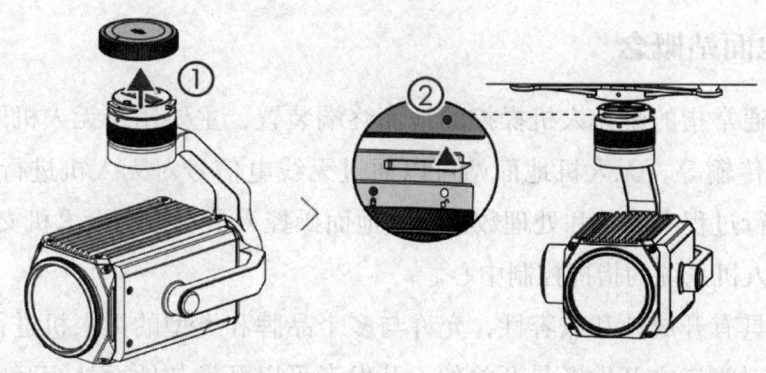

图 2-4　云台相机安装

步骤 3　安装完成锁止

将云台向上嵌入安装位置，旋转云台相机的快拆接口至锁定位置（红点对齐）。

步骤 4　存储空间设置

安装 Micro SD 卡到相机上。

步骤 5　完成检查事项

在飞行软件中进行云台自检，无异常报送即为安装正确。

三、注意事项

通常来说，安防类的载荷都采用模块化结构，只需要在无人机挂载平台上进行更换即可。在操作过程中要注意按照指示说明的要求，确保安装到位并且检查安装的可靠性，并在飞行软件中进行平台自检。对于非通用结构的任务载荷，要以安全为第一考虑要素，避免在高空复杂环境下载荷因安装不牢固而掉落，造成财产损失甚至人员伤害。在载荷安装完成后，要检查载荷与机身、地面端的通信情况，检查双向数据链路的完整性。

小贴士

移除云台相机时需要按住解锁按键，才能旋转云台相机的快拆接口。为方便下次安装，在移除云台相机时，务必将接口旋转到位才可取下云台。

学习单元 2　地面站安装

一、地面站概念

地面站通常指的是无人机操控的地面终端装置，主要用于无人机遥控、任务规划和数据传输等。无人机地面站可以通过无线电信号对无人机进行远程操控，并在任务执行过程中收集和处理数据，是地面操控人员直接与无人机交互的渠道，也是整个无人机系统的指挥控制中心。

地面站具有开放性和兼容性，允许与多个品牌和类型的无人机进行通信，其接口和协议对第三方开发者是开放的，开发者可以开发与地面站交互的软件或应用，这种设计能够提高无人机系统的灵活性和可扩展性。

二、地面站功能

无人机地面站的功能包括飞行监控、地图导航、任务回放、天线控制等，并且支持多架无人机的控制与管理。

1. 飞行监控功能

无人机通过无线数据传输链路下传无人机当前各状态信息，地面站将所有的飞行数据保存，并将主要的信息用虚拟仪表或其他控件显示，供驾驶员参考，同时根据无人机的状态，实时发送控制命令，操控无人机飞行。

2. 地图导航功能

导航系统实时闭环输出位置和姿态信息，为无人机提供精确的方向基准和位置坐标，引导无人机按照指定航线飞行。根据无人机下传的经纬度信息，地面站可将无人机的飞行轨迹标注在电子地图上，包括二维与三维地图，同时可以规划航点航线，观察无人机任务执行情况。

3. 任务回放功能

由于飞行数据已保存在数据库中，在任务结束后，可以使用地面站的回放功能详细地观察飞行过程的每一个细节，检查任务执行效果。对于常年固定航线的飞行，还可以通过画面叠加进行地区分析。

4. 天线控制功能

地面站可以实时监控天线的轴角，根据天线返回的信息，对天线校零，使之能始终对准无人机，跟踪无人机飞行。此外，在作业区域还能保持较好的信号连接，降低图传与控制系统的延迟与卡顿。

操作技能

操作任务 1

安装地面站

一、操作准备

1. 在开始安装前，仔细阅读无人机及地面站的用户手册，了解设备规格和安装要求。

2. 检查确认所需的硬件和配件齐全，包括地面站主机、显示器、控制器、信号接收器等。

3. 对设备和电池进行充电，准备好作业用到的工具。

二、操作步骤

步骤1　连接地面站主机和显示器到电源插座，按需开启电源，确认设备正常通电，指示灯亮起。

步骤2　将显示器连接到地面站主机上。

步骤3　连接控制器与主机，确保连接稳固。

步骤4　如果有外部信号接收器，按说明书连接接收器至主机。

步骤5　在地面站上安装相应的软件，确保软件是最新版本，按照说明进行更新。

步骤6　通过USB、WiFi或其他可用的连接方式将地面站与无人机连接，根据需要设置飞行参数和任务配置，包括飞行模式、航线规划等。

步骤7　启动地面站软件，检查各项功能是否正常，包括地图显示、传感器数据读取等。

步骤8　进行飞行前检查，确保所有设备正常工作，尤其是无人机的状态与电量。

步骤9　在安全的环境下，进行一次模拟飞行以验证设置和功能；确认无误后，按照计划进行正式飞行任务。

三、注意事项

1. 安装过程中注意防静电，妥善保管设备。

2. 遵循当地法规，确保无人机操作合法合规。

3. 如果遇到问题，及时查阅用户手册或联系厂家获取支持。

 小贴士

信号互联互通

在地面站与无人机的通信中，信号是无人机安全飞行与有效完成安防任务的保障。随着无人机技术的不断发展，无人机航空电子系统和地面站系统通信能力越来越强大，对总线的需求也在不断增长，这就要求地面站系统的无线通信、任务处理和图像处理

能力随之不断增强。因此，采用高带宽、低延时的总线网络实现各部分之间的互联是必然的。

操作任务 2

地面站校准

一、操作准备

1. 选择开阔、无干扰的环境中进行校准，远离高压电线、大型金属物体、无线电干扰源等，以获得准确的 GPS 和传感器读数。

2. 将地面站放置于平坦的表面，连接好电源线。

3. 开机检查主机运行状态、温度是否正常。

4. 检查确保地面站及所有组件（如天线、显示屏、飞控软件等）都正常工作，并更新到最新版本。

二、操作步骤

步骤 1　在安全的环境下，将无人机放置在平稳的地面上。

步骤 2　打开地面站的软件，连接无人机的无线信号。

步骤 3　进入地面站的设置菜单，选择校准选项。

步骤 4　按照地面站提示对无人机的各个轴进行校准，校准过程中确保无人机不移动，各个轴能够接收正确的指令。

步骤 5　校准完成后，检查无人机是否能按照预期飞行；如有必要，可重复校准步骤，以确保精确度。

三、注意事项

1. 固定地面站，确保地面站不会受到振动或风干扰，以免影响校准结果。

2. 在校准过程中，确保地面站接收到足够数量的卫星信号（通常为 4 个以上），以获取准确的 GPS 定位。

3. 检查通信连接，确保地面站与无人机之间的通信连接良好、电池电量充足，避免中途失联。

学习单元 3　辅助设备安装

无人机辅助设备是指那些能够与无人机协同工作，增强其功能、性能或操作效率的设备。辅助设备通常包括遥控器、导航和定位设备、通信设备、安全和防护设备等。

一、遥控器

遥控器是用来操控无人机的手持设备，通常由发射机和接收机组成，是无人机系统中至关重要的一部分，如图 2-5 所示。

图 2-5　遥控器

1. 发射机

遥控器的发射机通常由摇杆、按钮、开关和显示屏等组成，可以控制无人机的飞行动作，如升降、前进、后退、转向等。

2. 接收机

遥控器接收机安装在无人机上，接收来自发射机的无线信号，并将指令传达给飞行控制器，从而实现遥控器对无人机的控制。

3. 通信方式

发射机与接收机之间的通信通常采用 2.4 GHz 或 5.8 GHz 的无线信号，有些专业级别的无人机系统还支持频谱扩频和长距离通信。

4. 频道和模式

遥控器通常具有多个频道，每个频道对应无人机不同的控制功能。遥控器还有不同的模式选择，可根据使用者的喜好和习惯进行设置。

5. 功能设置

遥控器通常具有可编程功能，可以根据用户需求进行各种功能设置，如调整控制灵敏度、设定飞行模式、绑定无人机等。

遥控器是无人机操作的核心，驾驶员通过遥控器来控制无人机的飞行动作和操作。在选择和使用遥控器时，需要考虑其稳定性、操作舒适性、信号传输距离等因素，以确保安全和便捷地操控无人机。

二、导航和定位设备

无人机的导航和定位设备对于确保其安全飞行和高效作业至关重要。以下是一些常见的无人机导航和定位设备及其功能和作用。

1. 全球导航卫星系统（GNSS）

功能：提供全球定位信息，通常支持我国的北斗卫星导航系统（BDS）、美国的全球定位系统（GPS）、俄罗斯的格洛纳斯卫星导航系统（GLONASS）和欧盟的伽利略卫星导航系统（Galileo）等多个卫星导航系统。

作用：帮助无人机确定其精确位置（经度、纬度、高度），确保无人机在预定航线上精准飞行。

2. 实时动态差分技术（RTK，无人机领域一项高精度定位技术）

功能：高精度定位，通过地面基准站与无人机流动站之间的实时数据差分处理，实现厘米级定位精度。

作用：实现厘米级的高精度定位，适用于需要高精度数据的场合。

3. 惯性测量单元（IMU）

功能：结合陀螺仪和加速度计，实时监测无人机的姿态、速度和加速度。

作用：提供无人机的运动状态信息，帮助导航系统保持稳定性，尤其在GNSS信号弱或失效时，IMU可以提供必要的冗余数据。

4. 磁力计

功能：测量地球磁场的方向，帮助无人机确定航向。

作用：提供航向信息，通常与其他传感器结合使用，以提高无人机的定位准确性和稳定性。

5. 视觉定位系统

功能：利用相机和计算机视觉算法定位周围环境。

作用：在 GNSS 信号弱或失效的环境中（如室内或城市峡谷）提供相对位置信息，支持自动降落和悬停。

6. 超声波传感器

功能：通过发射超声波并测量声波返回时间来检测距离。

作用：用于低空飞行时的高度测量和避障，确保无人机安全降落。

7. 雷达传感器

功能：通过发射电磁波并接收反射波来检测无人机与障碍物的距离。

作用：提供对周围环境的探测信息，增强无人机的避障能力。

这些导航和定位设备相互配合，形成一个复杂的导航系统，不仅提高了无人机的定位精度和飞行稳定性，还极大地扩展了无人机在安防领域的应用潜力。

三、通信设备

无人机的通信设备是确保无人机与驾驶员、地面站或其他无人机之间有效数据传输的关键组成部分。以下是一些常见的无人机通信设备及其功能和作用。

1. 无线电通信设备

功能：通过无线电频段进行远程控制和数据传输。

作用：实现无人机与遥控器之间的双向通信，使驾驶员能够实时控制无人机的飞行路径、姿态并获取飞行数据。

2. 视频传输系统

功能：将无人机摄像头捕捉的视频信号实时传输至地面接收设备。

作用：支持实时监控和反馈，广泛应用于航拍、安防、搜救等场景，让驾驶员直观了解无人机的飞行状态和拍摄画面。

3. 4G/5G 通信模块

功能：利用移动网络连接实现远程操作和数据传输。

作用：在更大范围内控制无人机，提供稳定的数据流和视频传输能力，适用于长距离飞行和城市飞行等复杂情况。

4. 卫星通信系统

功能：通过卫星链路进行数据传输，实现全球覆盖的通信。

作用：在无人机飞行超出常规通信范围的地方（如远海、偏远地区等）时，确保无人机与地面站之间的通信畅通，可以实现更复杂的飞行任务和数据传输。

5. M 个路由器和 Mesh 网络[①]

功能：创建一个动态的多点接入网络，允许多台无人机互相通信。

作用：支持编队飞行和协同作业，可在复杂环境（如搜索救援任务）中提高通信稳定性和可靠性。

6. 红外通信系统

功能：使用红外光进行数据传输。

作用：适合于特定场合的短距离通信，通常用于对隐私和保密性要求较高的领域。

7. 数据链路

功能：收集并发送实时飞行数据，如高度、速度、电池电量等。

作用：帮助驾驶员监控无人机的状态，确保飞行安全并及时做出调整。

这些通信设备共同构成了无人机的通信系统，使其能够在各种环境下进行稳定、高效的数据传输和远程控制，不仅提高了无人机在安防领域的作业能力，还为完成更复杂的任务提供了技术保障。

四、安全和防护设备

安全和防护设备主要分为以下几类，每类都有其特定的功能和作用。

1. 防丢失设备

功能：内置 GPS 定位系统和无线通信模块，实时监控无人机的位置。

作用：在无人机失联时，GPS 跟踪设备可帮助找回无人机。

2. 飞行限制系统

功能：设置地理围栏，限制无人机飞行的高度和区域。

作用：避免无人机进入限飞区（机场、军事基地等），提高飞行合规性。

3. 电池管理系统

功能：监测无人机电池的状态，包括电量、温度和充电情况。

作用：防止电池过度放电或过热，保障无人机在飞行过程中的安全。

4. 数据加密和保护系统

功能：对飞行数据和控制信号进行加密处理，确保数据传输的安全性。

[①] M个路由器和Mesh网络：指由 M 个无线路由器组成的一个无线局域网（WLAN）覆盖区域，这种网络中的路由器通过无线信号连接在一起，形成一个连续的覆盖区域。

作用：防止无人机被黑客入侵或数据被窃取。

5. 物理防护外壳

功能：为无人机提供外部保护，通常由轻量化、高强度的材料制成。

作用：在坠毁或碰撞等情况下保护无人机内部组件，降低损坏概率。

6. 防干扰设备

功能：检测和抵御来自外部的信号干扰，如 GPS 干扰和无线电干扰。

作用：提高无人机在复杂环境中的稳定性和安全性。

7. 紧急着陆系统

功能：在无人机检测到故障或电池电量过低时，自动执行安全着陆程序。

作用：防止无人机失控飞行，降低事故发生的概率。

以上设备和系统的存在和应用在无人机的飞行、数据传输及操作规范等方面发挥了重要的作用，有效提升了无人机飞行的安全性和可靠性。

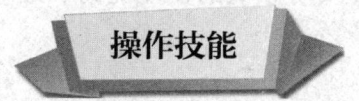

操作技能

安装辅助设备

一、操作准备

1. 环境准备

选择一个清洁、干燥、空旷的地方进行辅助设备安装，避免灰尘和杂物进入。

2. 检查设备

确认所有需要安装的辅助设备都完好无损、配件齐全。

3. 阅读说明书

仔细查看每台设备的说明书，了解具体的安装要求和注意事项。

4. 工作准备

对设备和电池进行充电，准备好作业用到的工具。

二、操作步骤

步骤 1　相机和传感器安装

根据说明书将相机和传感器固定在无人机的指定位置，确保固定稳固，以防在飞行过程中松动。

步骤2　电池安装

如果设备需要独立供电，要确保电池安装正确，连接安全。

步骤3　天线和通信模块

如果设备涉及远程通信，要确保天线正确安装，以获得良好的信号。

步骤4　连接电缆

根据说明书，连接所有必要的电缆，确保连接牢固且没有损坏。同时注意避免缠绕或压迫电缆。

步骤5　软件配置

安装并配置相关软件（如地面控制软件、图像处理软件等），确保软件与无人机及辅助设备的兼容性；进行必要的设置，如飞行参数、摄像头设置等。

步骤6　进行测试

在安全环境中进行初步测试飞行，检查设备的稳定性和功能是否正常。例如，测试相机和传感器是否可以正常采集数据，监测数据传输及相应的控制功能是否正常。

步骤7　调整与优化

根据测试结果，对设备进行必要的调整，以确保无人机的性能和飞行稳定性。

三、注意事项

1. 安全性。在安装和测试过程中遵循安全规范，避免人身伤害。
2. 兼容性。确保辅助设备与无人机的型号兼容，避免使用不适合的设备。
3. 备份数据。在进行重要任务前，备份数据以防数据丢失。
4. 维护和保养。定期检查和维护已安装的辅助设备，确保设备正常运行。

 **小贴士**

对于机载附属辅助设备的安装，一定要严格遵守相关章程与说明书要求。在地面静止或低空自检环境下，无人机机身受到外界环境干扰较小，而安防类无人机通常于100 m左右的高度进行作业，气流环境相对复杂，容易遭遇强风与风切变影响，连接节点处会因此受到强作用力，所以在安装时要保证连接稳定牢固。

培训课程 2 任务调试

学习单元 1　飞控系统调试

为保障飞行安全和提高飞行效率,对无人机飞控系统进行调试是起飞前的必要准备工作之一。

一、飞控的功能

无人机飞行控制器简称飞控,是一种用于控制无人机飞行的设备或计算机程序,通常整合了飞行管理系统、导航系统、传感器和执行机构,以实现对无人机姿态、速度和航向的精准控制。无人机飞控的主要功能见表2-1。

表2-1　无人机飞控的主要功能

功能	说明
姿态控制	通过传感器(如陀螺仪和加速度计)实时监测无人机的姿态,调整电机的推力以保持稳定飞行
导航与定位	利用GPS等定位系统进行实时定位,帮助无人机确定飞行路径和目标位置
自动飞行模式	支持多种飞行模式,如手动、定高、定点、航线飞行等,便于用户根据需求选择模式
避障功能	通过传感器(如激光雷达或超声波传感器)检测周围环境,实现障碍物自动避让
数据记录	记录飞行数据,包括速度、高度、位置、电池状态等,为后续分析提供依据
远程控制	通过无线通信(如WiFi或遥控器)与用户设备进行数据传输,实现远程操控和监测
返回功能	在信号丢失或低电量时,自动返回起飞点
自定义任务规划	允许用户设置预定的飞行路线和任务,支持拍摄、测绘等特定应用

二、飞控系统调试

无人机飞控系统调试指对飞控系统进行的一系列设置和测试,以确保无人机能够安全、稳定地飞行。无人机飞控系统调试要求见表2-2。

表2-2 无人机飞控系统调试要求

步骤	要求
传感器校准	校准飞行器的各种传感器,如陀螺仪、加速度计、磁力计等,以确保数据准确
舵机调整	设置每个舵机的行程,使无人机能够根据控制信号做出准确的动作
参数设置	调整飞行控制参数,如PID(比例、积分、微分)参数,以确保稳定的飞行表现和精确的控制
飞行测试	进行地面站和空中飞行测试,以验证飞控系统在各种情境下的性能
安全检查	检查无人机和控制系统的安全性,确保无故障隐患

飞控系统调试

一、操作准备

1. 确保飞控已正确安装在无人机上,并与其他组件(如电调、电机、传感器等)连接完好。

2. 查阅相关文档,了解飞控的型号和特性。

3. 下载并安装符合飞控配置的软件(如 Betaflight、ArduPilot、PX4 等),确保计算机和飞控之间的连接正常(通常通过 USB 线连接)。

4. 检查并更新飞控的固件,确保其为最新版本,以获得最佳性能和新功能。

5. 在软件中进行基本设置,包括飞行模式、遥控器设置、PID 参数、飞行范围等,配置传感器的类型和数量,确保飞控准确识别。

二、操作步骤

步骤1 传感器校准

根据软件的提示依次校准加速度计、陀螺仪、磁力计和其他传感器,确保数据输入准确。校准加速度计时要确保无人机保持水平状态。

步骤2　遥控器绑定

将遥控器与飞控进行绑定，确保信号正常；测试各个通道工作是否正常，确保操控响应灵敏且准确。

步骤3　安全检查

检查电池电量是否充足、连接线是否牢固、各个部件是否稳固；使用螺旋桨保护器，确保螺旋桨无法在地面调试时旋转。

步骤4　飞行测试

选择开阔、安全的区域进行首次飞行测试；尝试不同的飞行模式，观察无人机的稳定性和响应能力。

步骤5　数据记录与分析

在无人机飞行过程中记录相关数据（如GPS信息、飞行高度、姿态等），并在飞行后进行分析；根据飞行反馈调整PID参数和其他设置，优化飞行性能。

三、注意事项

1. 安全第一。进行调试时遵循安全操作规范，避免人身伤害和设备损坏。

2. 保持更新。定期关注飞控的固件和软件更新，以充分利用新功能并修复潜在问题。

3. 文档参考。始终参考飞控的用户手册和相关文档，了解设置和调试过程。

4. 记录过程。对各种设置和调试结果进行详细记录，以便后续回顾和改进。

学习单元2　动力系统调试

一、动力系统组成

无人机动力系统指为无人机提供飞行动力的装置，由螺旋桨、电机、电子调速器（简称电调，ESC）和电池四大部分组成。飞控发出控制信号到电调；电调控制电机转动，从而驱动螺旋桨旋转；螺旋桨旋转产生向上的升力从而使无人机起飞；电池负责为整个动力系统提供能量。常见的无人机动力系统如下：

1. 油动动力系统

根据燃料不同，可分为甲醇、汽油、重油无人机等，特点是抗风能力强、续航能力强、飞行速度快等。

2. 内燃机动力系统

适用于重量和体积较大、需要在户外长时间飞行的无人机，如油动无人机。

3. 电动动力系统

以电动机为动力源，通过各种尺寸和类型的电池供电，是当前无人机应用最广泛的一种动力系统。

4. 混合动力系统

结合了电动力和燃料动力，可以在需要长时间飞行或执行高风险任务时提供更长的续航时间和更强的动力。

二、动力系统调试要求

无人机动力调试要求见表 2-3。

表 2-3 无人机动力调试要求

步骤	要求
性能检查	检查无人机动力系统的基本性能，如电池电压、电机转速等，确保所有参数都在正常范围内
系统平衡	确保动力系统的各个部件平衡，包括电机和螺旋桨；不平衡可能导致无人机飞行不稳定
参数调整	根据不同的飞行任务需求，调整无人机的飞行参数，如爬升速率、续航时间等
动态测试	在实际飞行中测试动力系统的表现，调整动力分配和飞行控制系统参数
安全性检查	确保所有安全措施到位，如电池防护、过载保护等

操作技能

动力系统调试

一、操作准备

调试前，仔细检查各个连接是否正确、可靠（此时不要连接电池）。经检查一切正常后，按以下顺序启动无刷电调。

1. 将遥控器油门摇杆推至最低位置，接通遥控器电源。

2. 将电池组接上无刷电调，调速器开始自检，约 2 s 后电机发出"哔——"长鸣音表示自检正常，一切准备就绪，等待推动油门起动电机。

3. 正常情况下，电机接电后，会发出鸣音依次报出各个选项的设定值，可以在此过程中的任意时刻推动油门起动电机，不必等鸣音结束。

4. 为了让电调适应遥控器油门行程，在首次使用本电调或更换其他遥控器使用时，均应重新设定油门行程，以获得最佳效果。

二、操作步骤

步骤 1　检查组件

确认电池、电调、电机和螺旋桨的连接可靠，确保没有损坏或松动的部件；检查电池电量，确保充电完成且电池健康。

步骤 2　连接电调和电机

将电调与电机连接，确保接线正确；不同型号的电调可能有特定的接线要求，可参考相关说明书。

步骤 3　遥控器设置

确认油门通道的最大、最小值及中立位置，确保开关和其他控制设置正常，设置好飞行模式（如手动、稳定、GPS 等）。

步骤 4　电调标定

启动电调标定，在电调配套软件中按指示进行，这通常涉及将油门推到最大，然后回到最小，以便电调识别油门范围。

步骤 5　地面测试

在安全的环境中，启动无人机进行地面动力测试，慢慢提升油门，观察电机和螺旋桨的响应情况，确保它们都能正常工作。

步骤 6　监测电流

使用电流监测仪监测在不同油门设置下电流的变化，确保电流和功率在电机和电调的安全范围内。

步骤 7　飞行测试

开始时轻轻起飞，观察无人机的稳定性和响应情况，适当调整油门，确保飞行平稳。

步骤 8　记录数据

在飞行过程中，记录油门指令、电流、电池电量等数据，以便后续分析；注意侦测任何异常情况，并在飞行后进行评估。

三、注意事项

1. 安全第一。在调试和测试过程中始终保持安全意识，确保周围环境无人、无障碍物。

2. 设备保护。在进行地面测试时保护电机和螺旋桨，避免意外启动造成伤害。

3. 温度监控。长时间测试时要定时检查电机和电调温度，避免过热导致组件损坏。

4. 定期维护。定期检查所有动力系统组件的连接和状态，确保其正常运转。

小贴士

在任何情况下，面对任何机型，都不要试图用手接住正在降落的无人机。如确需应急处置，应制定预案并定期演练。

学习单元 3　飞行平台调试

一、飞行平台

无人机飞行平台指具有自主飞行能力和传感能力的飞行器，是保障无人机安全高效完成安防类作业的关键硬件。根据不同平台构型，无人机飞行平台可分为固定翼无人机、旋翼无人机和复合型无人机。其中，旋翼无人机包括多旋翼无人机和无人直升机。固定翼无人机由动力装置产生前进的推力，进而由机体上固定的机翼产生升力；旋翼无人机由一个或多个旋翼与空气进行相对运动所产生的反作用力而获得升力。旋翼无人机具有一些独特的优势，如对起飞和着陆场地的要求低，不需要跑道或弹道，可垂直起降、空中定点悬停等。

无人机飞行平台的调试是确保无人机能够正常、稳定飞行的重要步骤。调试过程通常包括检查硬件组件、连接和组装、飞控软件设置等。

二、多旋翼飞行平台构型

多旋翼无人机是根据有几个螺旋桨来定义的,以常规的四旋翼无人机为例,依靠四个螺旋桨产生升力和推力,通过相邻两个螺旋桨正反布置来抵消反扭力;机械结构上只需保持重量分布均匀且重心位于中心板的垂线上,结构简单,机身振动小。从飞行力学上来看,多旋翼无人机靠螺旋桨转速的变化来调整力和力矩,从而实现飞行运动。对多旋翼无人机的螺旋桨而言,尺寸越大,越难迅速改变无人机速度;在大载重情况下,螺旋桨的刚性需要进一步提高。

三、飞行平台参数

飞行平台参数包括无人机名称、海拔高度、经纬度信息、起飞状态、电池电量、飞行时间、上升速度、前行速度等,是判断无人机能否安全平稳运行的重要依据,可以判断出无人机在空中的姿态和飞行平台的飞行状态,以便驾驶员能够在最短时间内发现问题,消除飞行中的安全隐患。

操作技能

飞行平台调试

一、操作准备

1. 查询当日天气状况。
2. 戴好绝缘手套,准备好旋具等工具。
3. 查看地面站系统报错数据,检查飞行平台,注意飞行平台蜂鸣器警报音。
4. 移除螺旋桨进行无桨调试。

二、操作步骤

步骤1　检查硬件组件

1. 机架和框架。确保无人机外框无损坏,结构坚固。
2. 电机和螺旋桨。检查电机安装是否牢固,螺旋桨安装是否正确(注意旋转方向)。

3. 电池。检查电池电量是否充足，接触是否良好，以确保有充足的动力供给。

4. 飞控系统。确认飞控模块的安装位置和连接线缆的牢固性。

步骤 2　连接和组装

正确连接各组件（电调、飞控、GPS 模块等），按照说明书确保接线顺序和接口配置合适；使用合适的胶带或束线带固定电缆，避免飞行中发生松动或磨损。

步骤 3　飞控软件设置

使用对应的飞控软件（如 Mission Planner、Betaflight、PX4 等）连接飞控，检查连接状态；根据说明书进行飞控参数设置，包括噪声、PID 参数、增益等，并进行必要的标定。

步骤 4　传感器标定

完成飞控系统的 IMU、加速度计、陀螺仪和磁力计的标定，确保飞行控制的准确性；同时，对飞行器进行水平校准，并完成必要的 GPS 和气压传感器标定。

步骤 5　遥控器配置

配置遥控器的通道，确保操控的油门、方向、偏航和其他模式切换开关均正常；设置安全开关（如返航开关、降落开关等）以应对紧急情况。

步骤 6　地面测试

在安全区域内进行地面测试，启动无人机并逐渐提高油门，观察电机反应是否正常；检查所有的 LED 指示灯和声音信号工作是否如预期，确保系统无故障。

步骤 7　飞行前检查

在飞行前确保飞控系统和电池电量正常，所有组件工作良好；再次确认螺旋桨安装正确、遥控器与无人机配对正确。

步骤 8　飞行测试

选择风速小、开阔的场地进行首次飞行测试。轻轻起飞，注意观察无人机的稳定性和操控反应，逐渐进行不同高度和方向的飞行，通过观察飞行情况来调整设置。

步骤 9　记录和评估

飞行结束后，记录飞行数据和飞控参数，并评估飞行表现；根据飞行测试结果，调整 PID 参数或其他设置以提高飞行稳定性。

三、注意事项

1. 安全性。始终以安全为第一位，确保无人机测试和飞行在无人和无障碍物的区域内进行。

2. 定期维护。定期检查和维护各个组件的状态,防止因磨损或老化导致的故障。

3. 熟悉操作。确保驾驶员对无人机的操作和飞行控制知识有充分了解,以应对突发情况。

4. 遵循法规。遵守当地的无人机法律法规,确保飞行合规。

学习单元4　载荷调试

　　载荷系统的设计和调试对无人机的性能和应用效果至关重要。无人机的机载任务载荷由无人机的尺寸、载重量及任务需求决定,根据无人机的不同用途而配置。首先根据实验要求实时获取所在地理位置信息及环境预判信息,再根据相机控制参数表进行参数编码;然后通过通信口发送自定义协议指令集给硬件控制电路,完成相机载荷参数设置并进行拍摄,同时用航迹规划软件实时记录飞行轨迹地理坐标信息。

　　无人机任务载荷的调试指对无人机上的任务载荷进行功能性测试和性能调优的过程,包括检查设备安装是否稳固、各项功能是否正常、系统与无人机平台是否兼容等。在调试过程中,应创建一个详细的检查表,并记录每一步调试的结果,一边定位问题一边进行逐步优化。在首次飞行测试前,应进行地面测试以确保各项目正常。

载荷调试

一、操作准备

1. 检查无人机机身、机翼、螺旋桨等是否完好。

2. 检查无人机及载荷设备的固件是否为最新版本,进行必要的更新。

3. 确保调试场地符合无人机飞行要求，避免人群密集区，远离建筑物或其他障碍物。

4. 通知周围人员，设置警戒区域，确保人身安全。

5. 根据载荷调试需求，设定具体的飞行路线和高度。

6. 根据调试目标设定任务参数，如数据记录频率、拍摄间隔等。

二、操作步骤

步骤1　系统检查

1. 物理连接。确保载荷与无人机的接口（如电源、数据线和控制线）连接牢固。

2. 电源适配。确认载荷的电源需求与无人机的供电能力相匹配。

3. 载荷配置。根据载荷的类型（如摄像头、传感器、投放装置等），检查和配置相关的控制参数。有些载荷可能需要特定的软件配置，需确保安装必要的驱动程序或应用程序。

步骤2　飞控系统集成

在飞控软件中设置载荷控制的参数，如通过遥控器控制载荷的开关、调节拍摄角度等；确认飞控系统能够识别载荷，并正常进行数据交换。

步骤3　测试通信

使用地面站软件进行连接，用接收数据和发回控制指令等方式测试载荷的通信是否正常，验证数据传输的稳定性和准确性。

步骤4　地面测试

在安全的环境中进行地面测试，检查载荷是否能够启动并正常工作；观察载荷设备的运行状态，如稳定性、反应速度等。

步骤5　飞行前检查

飞行前，确认载荷安装稳定，所有的连接和设置都没有松动；确保电池电量充足，并对系统进行最后一次检查。

步骤6　飞行测试

选择适合的场地进行实际飞行测试，在飞行中执行载荷控制功能，如启动摄像机、传输数据或执行投放操作，观察无人机在飞行中的表现。

步骤7　数据记录与评估

通过地面站软件记录飞行数据和载荷的工作状态；飞行结束后评估载荷的性

能,特别是数据采集的质量和稳定性。

三、注意事项

1. 安全性。确保所有测试和飞行操作都在安全的环境中进行,避免对人员造成伤害,造成财产损失。

2. 校准与配置。在使用不同类型的载荷时,务必根据其特性进行必要的校准和参数配置。

3. 定期维护。对载荷控制系统和相关组件进行定期检查与维护,确保其长期稳定运行。

4. 遵循法规。在进行任何飞行操作之前,都确保遵循当地法律法规和无人机空域使用的相关要求。

学习单元 5　数据、图像链路调试

数据、图像链路是无人机系统的重要组成部分,其主要任务是建立一个空地双向数据传输通道,用于完成地面站对无人机的远距离遥控、遥测和任务信息传输。其中,遥控可实现对无人机和任务设备进行远距离操作;遥测可实现无人机状态的监测;任务信息传输则通过下行无线信道向地面站传送由机载任务传感器所获取的视频、图像等信息,是无人机完成任务的关键。完成数据、图像链路调试有助于保证任务执行过程中设备和链路的正常运行,提高任务的成功率和效率。

一、数据链路

无人机数据链路可以实现无人机与地面站之间实时的数据传输和通信,为无人机的飞行控制、数据获取和任务执行提供支持,确保数据的准确性和及时性,提高无人机任务的成功率和效率。

1. 数据传输方式

无人机数据链路通常采用无线通信技术进行数据传输,如无线电通信或 WiFi。

2. 频段选择

无人机数据链路一般会根据无人机的飞行范围和通信需求选择适合的频段进

行数据传输，以保证传输的稳定性和可靠性。

3. 数据压缩

为了提高数据传输的效率，无人机数据链路通常会采用数据压缩技术，将实时获取的数据压缩后再传输，以降低传输延迟和带宽消耗。

4. 数据传输协议

无人机数据链路会采用特定的数据传输协议，如 MAVLink 协议等，用于定义数据的格式和交换规则，确保数据正确传输和解析。

5. 数据传输控制

数据链路会实时监控数据的传输，包括数据包的重传、数据丢包率的监控等，以确保数据传输的稳定性和可靠性。

二、图像链路

建立并维护无人机与地面站之间的图像链路，可确保图像传输的清晰度和稳定性，以便及时获取无人机拍摄的实时图像和视频。建立和维护图像链路的一般步骤如下：

1. 选择合适的图像传输设备

无人机的图像链路通常通过摄像头捕获图像，并通过无线视频传输设备将图像传输到地面站。选择高质量的摄像头和视频传输设备可以确保图像传输的清晰度和稳定性。

2. 设备连接与配置

将摄像头和视频传输设备正确连接到无人机和地面站，并按照设备说明书正确设定传输频率、图像分辨率等参数。

3. 预先测试

在实际执行任务之前，进行一些预先测试来确认图像链路的工作状态，确保无人机和地面站可以正常传输图像。

4. 选择合适的频段和信道

在选择图像传输频段和信道时，应避开可能被其他通信设备干扰的频段和信道，以确保图像传输的稳定性。

5. 保持信号稳定

在实际任务中，保持信号的稳定性非常重要，应避免遮挡、干扰或不良天气条件对信号的影响。

6. 监控和优化

在任务执行过程中，定期监控图像链路的信号强度和质量，及时发现问题并进行调整和优化，以保证图像传输的可靠性。

三、数据、图像链路调试

对无人机数据、图像链路的调试主要体现在以下几个方面：

1. 保证传输质量

通过调试确保数据、图像能够在无人机与地面站之间高质量、无延迟传输，这对于无人机任务的执行效果至关重要，尤其对实时性要求高的任务，如空中搜索和救援等。

2. 提高任务效率

良好的链路调试可以确保无人机的数据及时更新，使驾驶员能够实时掌握无人机状态，提高任务执行效率。

3. 确保飞行安全

对于需要进行飞行动态数据监测的农业喷洒、电力巡检等应用，稳定的图像和数据分析有助于及时发现问题，避免潜在的安全隐患。

除了数据、图像链路，无人机链路系统还包括相关的地面站和地面接收设备，用于与无人机通信和进行数据交换。地面站通常通过无线通信设备与无人机连接，实现远程控制和监控。地面接收设备可以接收无人机传输的数据、图像和视频，提供实时显示和记录功能。

 小贴士

在雨、雾等天气条件下，电磁波在大气中传播路径多变，导致信号反射、折射和散射，产生多径效应，影响链路的稳定性和传输质量。在强电磁干扰环境中，如雷暴等，电磁波也可能会发生极化，导致信号传输损耗。

数据链路调试

一、操作准备

1. 确保数据链路相关设备（如数传模块、天线等）正确安装和连接。
2. 在地面站软件中设置好与数据链路相关的参数，如波特率、通信端口等。
3. 确保地面站和无人机的数据交换设备完好无损。
4. 考虑周围环境对信号的影响，如建筑物遮挡、电磁干扰等，并采取相应措施。

二、操作步骤

步骤 1　数传模块配置

根据具体数传模块的要求进行基本参数配置，如频率等。

步骤 2　信号测试

通过地面站查看接收信号强度等指标，确保信号正常。

步骤 3　频率选择

使用频谱分析仪扫描工作环境中的无线频谱，选择干扰最小的频率进行工作；避免使用与其他设备（如 WiFi、蓝牙等）相同频段的频率，以减少干扰。

步骤 4　飞行中监测

在试飞过程中持续监测数据链路的稳定性和数据传输质量。

步骤 5　距离测试

逐步增加飞行距离，测试数据链路在不同距离下的传输性能。

步骤 6　干扰排查

如果遇到信号问题，排查可能的干扰源并解决。

步骤 7　优化调整

根据测试结果对参数进行优化调整，以达到最佳性能。

步骤 8　天线调整

确保天线的安装角度和方向合适，以获得更好的信号接收和传输效果。

步骤9　冗余备份测试

如果有冗余的数据链路配置,进行备份链路的测试和切换演练。

步骤10　日志分析

查看数据链路相关日志,分析潜在问题或异常情况。

步骤11　数据校验

确保传输的数据准确无误,可通过一些简单的指令或数据回传进行校验。

步骤12　故障排查

如果在测试中发现数据链路不稳定,检查所有连接、配置并确保没有信号干扰;更新固件和软件,避免已知的故障或兼容性问题。

步骤13　优化与维护

根据测试结果对设备进行优化,如调整天线位置、更换天线或调整功率设置;定期对数据链路设备进行维护,以确保其始终处于良好状态。

三、注意事项

1. 安全性。在调试过程中,始终优先考虑飞行安全,确保无人机在失去信号时能安全返航或降落。

2. 合法性。遵守当地的频率使用法规,确保所使用的频率和通信方式合法。

3. 环境因素。注意环境中的物理障碍(如建筑物、树木等)可能对信号强度产生的影响。

4. 应急方案。在进行长时间的飞行任务前,准备一个应急方案,以防数据链路失效。

小贴士

数据链路的调试可以根据具体的无人机型号及环境要求开展,大致按照以上步骤进行,如机身带有 RTK 等模块时,还应检查 RTK 等模块的工作情况。

学习单元6　辅助设备调试

无人机辅助设备调试是确保无人机在各种飞行任务中高效、安全运行的关键环节，一般包括对辅助设备的单独调试及无人机与辅助设备的叠加调试。辅助设备的类型有导航设备、传感器、通信设备等。

一、导航设备调试

无人机的导航设备调试是确保其定位准确性和稳定性的关键。

1. GPS 模块

调试内容：检查 GPS 信号强度、精度、更新频率及位置锁定能力。

作用：为无人机提供精准的位置信息，帮助无人机实现自动飞行、航点导航等功能。

2. 惯性测量单元（IMU）

调试内容：对加速度计和陀螺仪进行自检和校准。

作用：提供无人机的姿态、加速度和转动信息，用于实现稳定控制和飞行姿态调整。

二、传感器调试

无人机传感器调试可以确保无人机系统能够准确感知和响应其飞行环境。

1. 高度传感器（如气压计、超声波传感器等）

调试内容：测试传感器的响应时间和精度，进行校准。

作用：实时监测无人机高度变化，确保在不同飞行条件下稳定悬停和安全降落。

2. 视觉传感器

调试内容：检查摄像头或激光雷达的工作状态，测试图像质量和数据采集能力。

作用：用于障碍物探测、避障及物体识别和跟踪。

三、通信设备调试

1. 遥控接收器

调试内容：检查信号接收强度和稳定性，测试不同通道的响应程度。

作用：确保无人机接收遥控指令，确保飞行控制的实时性和可靠性。

2. 数据链路

调试内容：测试地面站与无人机之间的数据传输速率和延迟情况。

作用：实现无人机与地面站之间的实时通信，便于监测飞行状态和执行任务指令。

操作任务1

导航设备调试

一、操作准备

1. 选择一个宽敞、安全的区域进行调试，确保周围没有无关人员和易燃物品。

2. 在进行电池连接和系统测试时，穿戴适当的防护装备。

3. 确保无人机的所有硬件（如电机、电调、飞控、传感器、摄像头等）都已正确安装并无明显损坏。

4. 检查电池的状态，确保电池电量充足，没有漏液或损坏。

二、操作步骤

步骤1　GPS模块调试

1. 信号强度检测。使用专用软件，检查GPS接收信号的强度和卫星数，在开放环境下确保至少接收到4颗卫星。

2. 定位精度验证。将无人机放置于起飞位置进行飞行测试，对比无人机的GPS记录位置与已知位置，检查定位精度是否符合要求。

3. 更新频率。监测GPS模块的定位更新频率，确保更新频率满足飞行要求，尤其是在快速移动或变化的情况下。

步骤2　惯性测量单元（IMU）调试

1. 自检与标定。执行IMU的自检程序，确保加速度计和陀螺仪功能正常；进行静态和动态标定，对IMU进行必要的校准，以消除漂移误差。

2. 姿态监测。在地面上缓慢移动无人机，监测IMU输出的角速度和加速度数据；检查数据的稳定性和准确性，确保无人机的姿态信息及时更新。

步骤3　高度传感器调试

1. 气压计校准。在已知高度的环境中（如海平面或高地等）对气压计进行校准；进行多次重复测试，验证高度读数的准确性。

2. 超声波传感器测试。测试超声波传感器在不同高度下的反应，检查其距离测量的响应时间和误差，确保无人机在悬停和降落时能够提供稳定的高度数据。

步骤 4　传感器融合调试

确保导航系统能够有效融合 GPS、IMU 和其他传感器的数据；进行飞行测试，观察导航系统在复杂飞行状态（急转弯或快速上升、下降）下的表现。

步骤 5　地面站软件配置

在地面站配置导航参数，如 GPS 精度阈值、飞行高度限制、航点设置等，根据飞行任务的需求调整参数，以确保导航系统的兼容性和稳定性。

步骤 6　实地飞行测试

1. 飞行路径监控。进行多次飞行测试，监测无人机在执行航点任务时的轨迹与目标轨迹的一致性；收集飞行数据，判断导航系统的响应速度和稳定性。

2. 异常情况应对。模拟 GPS 信号丢失或受到干扰的情况，检查无人机的自主飞行和返航功能是否正常。

三、注意事项

1. 确保辅助设备的电源要求与无人机供电系统适配，避免电压电流不匹配导致损坏。

2. 辅助设备安装要稳固，防止在飞行中松动或掉落造成危险。

3. 避免辅助设备产生或受到电磁干扰影响无人机其他系统。

4. 确认辅助设备与无人机的主控系统及其他设备兼容。

5. 仔细设置辅助设备的相关参数，确保其能正常工作且与无人机整体性能协调。

6. 在不同场景和条件下对辅助设备进行充分测试，包括正常和极限情况。

7. 考虑辅助设备安装后对无人机整体重量和平衡性的影响。

8. 如果辅助设备有发热情况，要确保有良好的散热条件。

9. 根据实际需求，确保辅助设备有适当的防水防尘能力。

10. 调试过程中注意与人员和其他物体保持安全距离。

11. 调试前备份好重要数据和参数，以便出现问题时能及时恢复。

12. 详细记录调试过程中的参数变化、问题及解决方法等。

操作任务 2

传感器调试

一、操作准备

1. 选择空旷、安全的场地，确保周围无障碍物和无关人员；根据电机转向正确安装螺旋桨，检查螺旋桨安装是否牢固、正确。

2. 给无人机上电，检查各系统指示灯是否正常，确保飞控、电调等正常工作。

3. 打开遥控器电源，再接通无人机电源，校准遥控器的摇杆行程等参数，确保遥控器与无人机通信正常。

4. 根据之前调试所设定的解锁方式进行解锁，缓慢推油门，观察电机启动和转速情况，确保每个电机运转平稳且转速一致。

二、操作步骤

步骤 1　起飞检查

推动油门，当无人机开始离地时，观察无人机的飞行趋势，然后操控遥控器使无人机平稳起飞。如果无人机一起飞就大幅度偏航或翻倒，立刻将油门拉到最低，将无人机上锁，再关掉无人机电源检查问题所在。这种情况通常是线路问题或遥控器通道反相问题引起的。

步骤 2　高度传感器调试

1. 气压计校准。在已知高度的环境（如海平面等）对气压计进行校准，通过多次测试验证高度读数的准确性。

2. 超声波传感器测试。测试超声波传感器在不同高度的性能，确保其测量准确，记录在不同高度下的信号强度、响应时间及可能的误判率。

步骤 3　光流传感器调试

1. 环境适应性测试。在不同光照条件下（如明亮、阴暗等）测试光流传感器的性能，检查传感器对地面特征变化的响应能力。

2. 数据输出验证。监测光流传感器输出的速度数据，确保其与实际飞行状态一致。

步骤 4　传感器融合调试

确保融合算法能够有效结合 GPS、IMU 和其他传感器的数据，监测传感器在快速转弯或激烈运动时的反应速度和精度。

步骤 5　地面站软件设置

在地面站上设置导航和传感器参数，如航点、飞行高度等，根据飞行任务的特定需求调整参数，以确保各传感器之间的兼容性。

步骤 6　实际飞行测试

1. 飞行路径跟踪。进行多次飞行测试，记录无人机沿航点飞行时的轨迹；比较实际轨迹与计划轨迹，识别可能的偏差。

2. 异常处理能力。模拟 GPS 信号丢失或受到干扰等情况，测试无人机的应对能力，确保无人机能够在出现异常情况时安全返航或保持稳定飞行。

三、注意事项

1. 选择信号强、干扰少且安全的环境进行测试，确保有备用设备。

2. 校准每个传感器，实时监测数据，记录异常情况。

3. 确保飞行区域安全，配置必要安全措施。

4. 详细记录调试过程，总结经验。

5. 遵循航空法规及无人机运营规则。

职业模块 ③
任务执行

培训课程 1

飞行前检查

学习单元 1　链路检查

一、无人机链路检查的作用

1. 保证数据传输通道畅通

确保地面站与无人机之间的远距离控制、任务传输及数据回传安全。

2. 消除安全隐患

发现并消除链路系统中的不安全因素,确保飞行过程中的数据传输稳定,避免发生链路中断导致的事故。

3. 提高安全意识

链路检查可增强驾驶员的安全意识和责任感,纠正违规使用链路的行为。

二、无人机链路检查的内容

1. 飞行环境检查

(1) 安全的起飞场地是无人机起飞的首要条件,应选择开阔、周围无高大建筑物的场所作为起飞场地。大量使用钢筋的建筑物会影响指南针工作,而且会遮挡 GNSS 信号,无人机应尽量远离这类建筑物。

(2) 选择起飞场地时应远离障碍物、人群、水面(建议距离水面 3 m 以上)等。

(3) 起飞场地应远离有高压线、通信基站或发射塔等建筑的区域,以免遥控器受到干扰。

（4）起飞场地在海拔 3 000 m 以上时，环境因素导致无人机电池及动力系统性能下降，飞行性能将会受到影响，须谨慎飞行。

2. 遥控器外观检查

遥控器是链路系统的重要组成部分。检查遥控器外观应注意天线是否有损伤、遥控器的挂带是否牢固和是否正常，如果遇到不能解决的情况须及时处理。

3. 地面站与无人机链路反馈检查

地面站与无人机链路反馈检查包括与飞控连接、舵机连接的反馈检查，以及对螺旋桨的转速检查等。这一过程要全面评估无人机与地面站之间通信链路的质量与稳定性，通过测试技术和设备，如误码仪、频谱仪等，对链路的误码率、接收灵敏度、发射频率及功率等关键指标进行监测，确保数据传输无误且实时反馈有效。一旦发现链路性能异常或存在故障隐患，立即采取措施排除，以保障无人机在执行任务时能够稳定、高效地与地面站进行双向数据传输，实现远距离遥控、遥测和任务信息传输。

4. 链路中断的失效保护检查

在飞行过程中人工中断链路，目测无人机是否能采取悬停、自动返航或自动着陆等失效保护措施。

三、无人机链路检查要求

（1）一般按照从外表到内部、从主要到次要、从环境到无人机、从线路到传输的顺序进行无人机链路检查，不满足安全条件的无人机不能起飞。

（2）无人机在接收地面站或者遥控器信号之后可以正常起飞并完成指定飞行姿态任务。

（3）在无人机正常起飞状态下，手动和自主控制模式可以自由切换，在切换过程中无人机飞行姿态正常。

（4）在无人机正常起飞状态下，数据传输和图像传输稳定、清晰。

（5）在无人机正常起飞状态下，飞控链路连接无异常，人工中断链路后无人机可采取悬停、自动返航或自动着陆等失效保护措施。

无人机链路检查

一、操作准备

1. 人员准备。穿上专用工作服，戴好专用手套，以防被螺旋桨等割伤。
2. 物品准备。无人机、遥控器等。

二、操作步骤

步骤1　环境勘察

在无人机起飞前，确保起飞点地面平整、远离人员，上空无遮挡物（如树枝、建筑等）。检查周边建筑高度和飞行限制，遵守航空法规。驾驶员操作时应距离无人机 3~5 m，其他人员应站在驾驶员身后，保持安全距离。

步骤2　遥控器检查

确保遥控器电量充足、摇杆和按键功能正常；检查天线是否垂直；确认摇杆模式设置符合操作习惯，必要时进行校准；确保所有按钮处于待命状态，防止误操作。

步骤3　反馈检查

开启遥控器或地面站并给无人机上电，确保设备正确连接后，上电检查舵机和螺旋桨的反应，同时监控飞行姿态是否正常。飞行结束后，测试手动和自主控制模式的切换是否顺畅，确认数据传输和图像传输的稳定性和清晰度。

步骤4　链路中断的失效保护检查

在进行无人机系统链路检查后，确保在封闭场所进行失效保护功能的测试。在无人机正常起飞后，关闭遥控器和地面站，观察无人机是否能悬停、自动返航或自动着陆。

步骤5　消除安全隐患

根据安全记录有针对性地进行无人机链路安全隐患消除，如果不能消除，则及时联系技术人员处理。

步骤6　链路安全复查

按照之前步骤进行链路安全复查，确保链路安全隐患排除。

学习单元 2　任务航线检查

一、任务航线检查内容

无人机任务航线检查是确保飞行安全与任务成功的关键环节。在检查过程中，首先确认航线是否避开了所有已知的障碍物，包括地形起伏、建筑物、高压线等，同时考虑风向、风速等气象因素，确保无人机在飞行过程中不会遭遇危险。其次，检查航线的经济性和效率，选择最优路径以缩短飞行时间和距离，同时合理利用自然条件节省能源。再次，注意航线重叠率设置，尤其是在复杂地形和带状测区，要确保有足够的重叠率以保证数据采集的完整性和模型的准确性。最后，检查控制点的布设是否合理，以及是否有应对突发情况的备选航线和应急方案。此外，还应检查 SD 卡容量是否足够保存规划好的航线信息，以备飞行时使用。

二、无人机任务航线检查要求

1. 消除障碍物碰撞风险

一般而言，在满足各种地形特征（如山地、丘陵、平原、海面等）所要求的最小离地高度条件下，飞行高度降低，无人机碰地概率增加；飞行高度增加，无人机碰地概率减小。此外，随机气流（尤其是湍流）会对飞行过程产生扰动，可能使得无人机离地面高度过小而碰地或是与空中的障碍物相撞。因此，在检查航线时应评估无人机与不确定障碍物碰撞的风险，碰撞概率越小，飞行越安全。

2. 减小损毁风险

当无人机在具有威胁性的环境中执行飞行任务时，必然会遭遇来自地面或空中的威胁。当无人机需要穿越已知或潜在威胁区时，应根据飞行区内威胁分布情况，评估无人机处于任意航线点处的被损毁概率，从而计算无人机沿该航线飞行时的成功概率。

3. 增强航线机动性

航线机动性直接受制于无人机的机动性，反映了无人机按规划航线飞行时所需要机动的方式、次数、幅度、频率。需要注意的是，即便飞行航线满足无人机机动性能要求，频繁、大幅度的飞行姿态变化也容易引发机载设备故障，不仅影响任务系统的工作性能，还会对无人机的飞行安全产生影响。

4. 确保航线总长度适宜

航线总长度指无人机从起始点到指定目标点需要飞过的空间距离，一般情况下要求航线总长度越短越好。航线总长度与航线机动性有一定关系，一般航线越短说明无人机沿该条航线飞行时平飞、直飞段越多，对无人机机动性的要求越低，越有利于飞行安全。同时，航线总长度越短，飞行时间就越短，在相同的续航条件下可以携带的机载设备越多，可以完成更复杂的飞行任务。

操作技能

无人机任务航线检查

一、操作准备

1. 人员准备。穿上专用工作服，戴好专用手套。

2. 物品准备。任务航线检查记录表、遥控器、地面站等。

二、操作步骤

步骤1　航线设置检查

1. 观察航线设置软件情况，确保电源稳定连接，屏幕显示完整、清晰。

2. 检查航线设置中最长航线总长度，长度必须小于或等于预先设置的最大距离，确保无人机能完成任务。

3. 检查最大可消耗燃料量或电量，保证无人机在执行任务后能够有足够的能源返回。

4. 检查最高和最低飞行高度，提前观察区域内建筑物的高度，保证无人机离地相对高度大于或等于某一安全的数值。

5. 根据任务检查航线的隐蔽性、最大爬升角、最大下滑角、最大转弯角、目标进入方向（切入角）、无人机的倾斜角、离目标距离等要素。

步骤2　航线规划模式检查

1. 自主规划模式检查。确认无人机是否具备自主规划航线的能力，能否根据任务需求、地形条件、气象因素等自动生成最优航线。

2. 手动规划模式检查。在需要人工干预的情况下，检查手动规划航线的功能是否完善，操作界面是否友好，是否易于用户进行航点添加、删除、调整等操作。

3. 混合规划模式检查。检查自主与手动模式切换是否流畅、协同工作是否高效，能否在满足任务需求的同时提高航线的灵活性和适应性。

4. 避障规划检查。重点检查航线规划系统是否具有实时避障功能，能否在飞行过程中自动识别并规避障碍物，确保无人机的安全飞行。

5. 应急规划检查。检查航线规划系统是否包含应急规划模式，当遇到突发情况时，能否迅速生成备选航线或执行紧急降落等应急措施。

6. 兼容性检查。确认航线规划模式是否与无人机的其他系统（如导航系统、飞行控制系统等）兼容，能否实现无缝对接和高效协同工作。

7. 性能评估。对航线规划模式的性能进行全面评估，包括规划速度、准确性、稳定性等方面，确保其在各种条件下都能正常飞行。

步骤3　填写任务航线检查记录表

1. 根据以上检查内容完整详细地填写任务航线检查记录表。

2. 对于发现的其他情况做好详细记录。

步骤4　消除安全隐患

根据安全记录开展针对性的任务航线检查以消除安全隐患。如果不能消除，应及时联系生产厂家。

步骤5　任务航线安全复查

按照之前步骤进行任务航线安全复查，确保任务航线安全隐患消除。

学习单元3　辅助设备和系统检查

为了确保无人机的飞行安全，进行辅助设备和系统检查至关重要。辅助设备和系统检查可以提高无人机执行安防任务时的安全性，排查潜在的故障和问题，确保各项辅助设备都处于最佳工作状态，提高无人机的飞行稳定性和可靠性。同时，辅助设备系统检查还有助于优化无人机的性能，提升其作业效率和准确性。

一、辅助设备和系统检查内容

1. 动力辅助设备检查

（1）外部动力辅助设备检查

1）辅助升降设备检查。辅助升降设备包括红外传感器、温度传感器、数据处理和传输端口，可以提高野外降落时的安全性。

2）螺旋桨检查。检查螺旋桨安装是否正确，同一台无人机安装有两种螺旋桨，一种为顺时针旋转（反桨），另一种为逆时针旋转（正桨），必须正确匹配螺旋桨和电机，否则无人机在起飞时会发生侧翻。

（2）内部动力辅助设备检查

1）发动机动力辅助检查。对发动机进行动力辅助检查是一项重要工作，需要注意以下几个关键方面：

①右拉角度检查。确保发动机有适当的右拉角度，抵消螺旋桨旋转产生的反作用力。

②下拉角度调整。因为机翼在飞行中有产生升力的特点，要确保发动机有适当的下拉角度，保持无人机在高速飞行时的水平稳定性。

③发动机固定与减振。由于发动机运作时振动较大，必须确认发动机牢固地固定在机身上，并采取有效的减振措施，确保飞行稳定性和安全性。

2）电池动力辅助检查

①检查电量。无人机每次任务执行前和结束后都要用测电器检查电池电量，当单块电池电量低于满电的25%时，应及时换上满电电池，以便继续作业；更换下来的电池应采用系统配备的专用充电装置充电。

②检查电池外观是否有破损，如有破损需及时更换。

2. 飞控辅助设备检查

飞控要固定在机身正中央的位置，方向与机头方向一致；飞控的减振板要与无人机机体牢固固定、飞控要与减振板牢固固定，飞控周围不应有影响其自由运动的物体。

3. 定位辅助设备检查

检查GPS/北斗是否安装在机身外无遮挡的地方，且远离机身的主电源线等容易产生电磁干扰的位置。

4. 获取数据辅助设备检查

获取数据辅助设备检查以载荷检查为主，旨在验证载荷安装、重量分布及与无人机系统的兼容性。

5. 其他辅助设备检查

其他辅助设备包括电机、舵机、电调延长线及控制线、磁罗盘、航灯、结构挂载件和起落架等。

二、无人机辅助设备和系统检查要求

无人机辅助设备和系统检查是确保安全飞行的关键步骤。在检查过程中要按从外部到内部、主要到次要的顺序进行，排除不符合安全条件的设备。检查完成后，辅助设备应能响应地面站或遥控器的指令，执行云台转动、舵机升降等任务。

操作技能

无人机辅助设备和系统检查

一、操作准备

1. 人员准备。穿上专用工作服，戴好专用手套。
2. 物品准备。辅助设备检查表、无人机辅助设备、地面站、计算机、测电器等。

二、操作步骤

步骤1　无人机辅助设备和系统检查

1. 动力辅助设备检查

（1）观察外部动力辅助设备、内部动力辅助设备的外观，检查是否有破损，确定螺旋桨的正反与完整性。

（2）观察部分外部动力辅助设备、内部动力辅助设备数值大小，如电池外部额定电流、电压等，用测电器测量电池所剩电压是否在储存电压以上。

2. 飞控、定位辅助设备检查

（1）观察飞控、定位辅助设备外观是否有破损。

（2）观察飞控安装的位置是否符合要求。

3. 获取数据辅助设备检查

（1）观察获取数据辅助设备外观是否有破损。

（2）通电检测。以双光吊舱为例，需要检查地面站是否能正常显示、地面站的云台控制按键是否能正常控制吊舱、地面站控制吊舱的其他功能是否都能顺利实现。

4. 其他辅助设备检查。分别对电机、舵机、电调延长线及控制线、磁罗盘、航灯、结构挂载件和起落架等辅助设备进行外观检查。

步骤2　填写辅助设备检查表

（1）根据以上检查内容完整、详细填写检查表。

（2）详细记录发现的其他情况。

步骤3　无人机辅助设备和系统安全复查

按照之前步骤对无人机辅助设备和系统安全进行复查，确保排除辅助设备和系统安全隐患。

学习单元4　飞行检查单填写

一、无人机飞行检查单填写作用

1. 符合逻辑顺序与飞行检查程序

飞行检查单的各模块设置与无人机飞行前检查顺序一致，可以按照先后逻辑顺序完成飞行检查程序。

2. 防止检查遗漏，避免操作失误

飞行检查单以安全实用为原则，具有较高的科学性和良好的实用性，按照飞行检查单进行检查可确保无遗漏，避免检查时出现操作失误。

二、无人机飞行检查单填写内容

1. 基本信息填写

（1）驾驶员信息。明确记录驾驶员姓名或编号，以便追踪和责任划分。

（2）日期与时间。准确记录飞行检查单的填写日期及计划的飞行开始和结束

时间。

（3）飞行地点。详细描述飞行地点，包括具体的地理位置和环境特点。

2. 环境勘察及准备

（1）天气状况。检查并记录当天的天气情况，确保无雨、雪、大风等恶劣天气，以保证飞行安全。

（2）起飞地点。描述起飞地点是否远离人群、上方是否开阔无遮挡、地面是否平整等，同时确认限飞情况。

（3）其他情况。描述区域内建筑物高度、电磁环境等可能影响飞行的外部因素。

3. 开箱检查

（1）电池检查。确认无人机电池和遥控器电池的数量与电量，确保充足。

（2）机体检查。确认无人机机身及起落架无损坏，机臂卡扣安装到位，转动电机无卡顿或异常，螺旋桨叶片无损坏并可正常展开。

（3）相机及云台。确认相机卡扣安装到位，相机及云台整洁无异常，所有部件齐全。

4. 开机检查

（1）遥控器设置。打开遥控器并展开天线，确保遥控器模式设置正确。

（2）无人机自检。确保无人机水平放置后打开电源，进行模块自检（包括网络、RTK、IMU、电池状态、相机状况等）。

（3）返航点设置。确认并刷新返航点，根据环境设置返航高度及失控后行为。

（4）相机功能测试。确认相机拍照功能正常，并试拍几张照片以检查图像质量。

5. 航线检查（如适用）

（1）航线参数。确认航线高度、速度、拍摄模式及完成动作，确保重叠率及边距设置合理。

（2）任务范围。明确任务范围，确保SD卡剩余容量充足，以存储所有拍摄的照片。

（3）自检程序。完成作业前自检，确保所有设置正确无误。

6. 飞行前测试

（1）安全高度测试。起飞至安全高度（如3~5 m），观察无人机悬停是否正常。

（2）遥控器操作。测试遥控器各项操作是否正常，包括上升、下降、前进、后退、左转、右转等。

三、无人机飞行检查单填写要求

1. 准确性

所有填写内容必须准确无误,不得遗漏或填写虚假信息。

2. 完整性

按照检查单上的所有项目逐一进行检查和填写,确保无遗漏。

3. 及时性

在飞行前完成检查单的填写工作,以便及时发现并解决问题。

4. 规范性

填写时应使用规范的文字和符号,保持页面整洁清晰。

培训课程 2　飞行操控

学习单元1　定点环绕飞行

一、定点环绕飞行概述

定点环绕飞行指任务对象不变，无人机环绕着对象按照一定路线进行拍摄并始终跟随对象的方法。定点环绕飞行通常将对象置于画面中央，拍摄的镜头定点环绕飞行形状有弧形、扇形、圆形等。

无人机执行任务所拍摄的环绕镜头能把任务对象的特点最大化，凸显任务对象的作用十分明显。例如，对地标性建筑或者人物进行环绕航拍时，画面中心是被摄主体，周围的背景却在持续地变换。

在执行安防任务过程中环绕镜头能够360°地对任务对象进行立体环绕拍摄，这种持续的环绕运动能够带来直观的视角，与画面产生较为强烈的互动。

1. 定点环绕飞行的分类

（1）定点环绕飞行按照自动与否，可以分为自动定点环绕和手动定点环绕。以大疆无人机为例，目前大疆无人机基本上都具有自动环绕功能，将无人机起飞至需要环绕物体的上方，在周围环境没有撞击风险的情况下，在大疆App中选择"兴趣点环绕"模式，并依据环境条件和实际需求设定飞行高度和直径距离等参数，设定好之后选择确认，无人机就会围绕着目标以设定好的环绕半径进行环绕飞行，在飞行的过程中如遇突发情况需要及时按下遥控器的停止键。

手动环绕是最保险和实用的，需要驾驶员对无人机的操作非常熟练。无人机手动环绕的优点在于高灵活性、无限创意、精准控制及可以应对突发情况。手动环绕允许驾驶员根据实际需求实时调整飞行路径与角度，不受预设限制，从而捕捉到独特且高质量的图像。

（2）定点环绕飞行按照位置可以分为水平环绕、俯拍环绕、近距离环绕、远距离环绕四种。

1）水平环绕。以主体为中心环绕拍摄，使观众的视线聚焦主体。

2）俯拍环绕。用俯拍镜头拍摄，使主体空间得到充分展示。

3）近距离环绕。使用无人机进行俯拍环绕拍摄时，想要获得中近景别镜头，为了保证拍摄安全，通常使用长焦拍摄（如"悟"Inspire 2无人机使用45 mm镜头），或在地面手持无人机环绕拍摄。近距离环绕镜头，常用于体现人员动作及情绪的拍摄场景。

4）远距离环绕。用远距离环绕镜头拍摄任务对象，可全方位展示现场整体环境。

2. 定点环绕飞行的作用

定点环绕飞行的主要作用是：突出主体的重要性、增加场景的真实感、增加画面的整体环境通透度。定点环绕飞行相对于传统飞行方式操作方式更复杂，操作难度更大。

现有的无人机常规拍摄方法在应用于现场执法时，由于无人机飞行高度和相机倾角被固定，易造成观测盲区，导致现场执法对象人员面部与现场环境、周围群众情况采集不完整，影响回传图像的质量。定点环绕飞行技术打破了以往正射影像只能从垂直角度拍摄的局限，同时从垂直、倾斜等不同角度对建筑物及任务现场进行数据采集，获取现场人员的面部信息与现场环境信息，这样不仅能够真实客观地反映地、物、人信息，还可以通过空中三角测量、融合、建模等技术生成真实的精细三维模型。

3. 定点环绕飞行的方法

目前定点环绕飞行的方法主要有跟随环绕和手动打杆。

（1）跟随环绕（适用于有跟随功能的机型）

1）操作

①在屏幕上滑动手指直接框选需要环绕飞行的主体，会出现跟随功能的相关选项。

②选择环绕，无人机会自动对所选主体进行环绕，可以随时点击视频录制。

③点击"停止"即可停止环绕，点击物体上的"叉号"可重新选取主体。

2）特点。跟随环绕不用自己打杆，操作比较简单；可以随时在任意位置停止,调整环绕速度。

(2)手动环绕

1)操作

①将构图辅助线中心对准想要环绕的主体。

②控制左右飞行杆,选择好飞行的速度后舵量保持不变。

③控制转向杆,将中心始终对准主体,不断微调。

2)特点。手动打杆无人机环绕的同时可以操作其他方向杆增加飞行纬度,画面看着更丰富;难度较高,需要练习,不适合时间紧张的情况下使用;没有侧向避障功能的无人机环绕前应先环绕一圈观察是否有障碍物。

二、定点环绕飞行练习

1. 定点环绕飞行练习的作用

定点环绕飞行是无人机较为困难的飞行方式,进行定点环绕飞行练习的作用如下:

(1)练习飞行的手感。环绕飞行看似简单,但不易上手,原则上需要两个人互相配合,因此单人完成此类飞行的难度较大,若能正确、高效完成定点环绕飞行操作,基本上就可以执行一般的执法、执勤类任务了。

(2)记录现场多点分散的场景。在一些执法、执勤类场景中,如肇事逃逸现场、殴斗现场或者前期侦查踩点现场,以及稻田、森林这类散乱的场景下,无人机无法选择一个点进行锁定,手动定点环绕飞行则可以进行定点锁定飞行。

(3)定点环绕飞行由两个以上摇杆动作组成,如果适时加上其他飞行动作(如升高、下降等)就可以得到环绕升高这类动作镜头,也可以拍摄任务对象后面的场景,进行主题切换变化。

(4)定点环绕飞行可以提高执行安防任务的效率,省去调整无人机菜单等步骤,具有节省时间的优势。

2. 定点环绕练习的方法

(1)打杆训练。无人机飞行动作是由多个连续动作组成的,如进行逆时针定点环绕飞行时,动作分别是向右移动和向转向移动。如果向右平移一点,那么镜头画面则向左移动;如果需要保持画面在中间位置,就需要向左打转向。需要注意,飞行中尽量保持取景的对象在中间位置。以美国手为例,定点环绕飞行最好是先打右摇杆,再慢慢调整左摇杆。

（2）目视无人机进行飞行练习。通过目视无人机的方式观察无人机的飞行状态，了解两个摇杆配合的主要方式。镜头离拍摄对象或现场会越来越远，这是因为水平侧方向平移打杆始终处于角度的切向，连续起来就会呈一个渐飞渐远的螺旋形飞行状态，这时需要在水平方向移动上加一个非常小的前进的量。

小贴士

　　定点环绕也可以生成全景图，生成过程为：选定投影模型→获得序列图像→投影变换→拼接生成全景图→全景浏览。

学习单元 2　航点设置与调整

一、航点飞行介绍

　　航点飞行是指在规划好航线后，无人机可自行飞往所有航点以完成预设的飞行轨迹和飞行动作。在航点飞行模式下，无人机可根据规划的航线任务，自主完成预设的飞行轨迹和拍摄动作，实现希区柯克变焦、甩尾飞行、日转夜延时等复杂航线飞行与拍摄，飞行过程中可通过摇杆控制无人机朝向和速度。

二、航点设置

　　以下航点设置以 DJI Mavic 3 Classic 为例。在安防场景中，一般采用在 GPS/北斗模式下进行辅助增稳的便捷控制方法。在地面站辅助操作模式下，驾驶员利用地面站进行航线设定，而航线是由多个航点所构成的飞行线路。航线设定完毕后，通过链路传输至无人机，无人机进入航线模式后，自动进行航点飞行。坐标信息设置包括经度、纬度、高度等参数，对航点的坐标进行编辑，可以更高效地定义航点信息，有利于更高效地完成空中侦查和视频采集任务。

　　安防任务航点规划路线多种多样，驾驶员可以根据拍摄顺序、效率、飞行安全等因素进行航点规划设置。

1. 准备工作

　　以大疆智图软件为例，打开地面站（遥控器）之后，需要手动调整视角，左键单击拍摄位置可创建航点，航点会根据"全局设置"中的参数、拍摄角度等自动生成。

若想要修改调整，则可选中所需修改的航点（此时选中的航点变为蓝色），然后对该航点进行位置、拍摄距离、航线速度调整。

可以通过键盘上下左右方向键调整航点位置，也可通过鼠标左键拖动蓝色航点或红色位置点变更航点位置对该航点进行参数设置。

点击"<"或">"切换至上一个或下一个航点，亦可通过键盘快捷键"Ctrl+←"或"Ctrl+→"进行切换。

2. 设置进入点

在正式开始巡检任务前，应设置一个无人机进入点，进入点的作用是确保无人机处于预设的位置并能安全进入到安防任务航线中。因此，进入点应选择一个特征较为明显的位置，如面对任务处置的中心点，以便直观判断位置是否准确。

3. 设置安防任务航点

按照安防任务要求，航点应包含人群中心、案件中心、处置现场、周围环境、人群密集区等应当拍摄的位置。

（1）每个安防任务航点会自动添加"拍照"航点动作，若该航点为进入/退出点或有其他需求，可自行添加或删减航点动作。

（2）每个安防任务航点会默认打开"相机朝向目标点"以确保无人机可将被拍摄目标置于画面中心位置，使用时可以手动关闭该项并对无人机的偏航角、云台俯仰角进行自定义调整。

（3）若使用经纬 M300RTK 云台相机搭配 H20 系列集合多类传感器，每个航点还可设置"变焦"，以便于调整光学变焦倍数。在调整"变焦"参数时，大疆智图可仿真模拟无人机画面变化。

4. 设置过渡航点

因两个航点之间均为直线飞行，在安防任务巡检中，必须添加一些过渡航点以避免碰撞风险。过渡航点通常在转角、换向处添加。因过渡航点仅为调整无人机飞行姿态使用，故可删除航点动作中的"拍照"动作。

5. 设置退出点

在完成所有任务对应的点位设置后，应设置退出点使无人机远离任务中心并安全返回到起飞位置。退出点应远离高压电铁塔、灯塔等，并确保飞行高度大于周围环境最高点，避免无人机在返航升高高度或平飞时发生碰撞危险。

航点（线）规划设置

此处航点（线）规划操作以"DJI Fly"App 为例。

一、操作准备

1. 软件要求。确保"DJI Fly"App 已安装在移动设备上，无人机固件更新至最新版本。

2. 硬件要求。使用兼容的大疆无人机，如 DJI Mini 4 Pro、DJI Air 3、DJI Mavic 3 Pro 等。

3. 环境检查。选择开阔无障碍物的区域进行航点规划和飞行，确保飞行环境安全。

4. 电量检查。确保无人机和遥控器电池电量充足，避免飞行中电量不足而导致任务失败。

二、操作步骤

步骤 1　开启航点飞行

打开"DJI Fly"App，连接无人机后，点击"GO Fly"进入操作界面，点击画面左侧的航点飞行功能图标。开启航点飞行，如图 3-1 所示。

步骤 2　航点打点

无人机起飞后，可通过遥控器或操作界面进行打点。航点打点后可生成航线，无人机会沿着航线飞行。航点打点后，无人机将记录该点的飞行高度、机头方向、云台俯仰角度等数据。

1. 遥控器打点。进入当前"航点操作面板"，按遥控器的"Fn"按键或"C1"按键（针对 DJI RC）进行打点。

2. 操作界面打点。在"航点操作"面板中，点击"+"进行打点，如图 3-2 所示。

3. 地图打点。进入地图界面，在"航点操作"面板中，点击地图上某个位置进行打点。

图 3-1　开启航点飞行

图 3-2　添加航点

4. 变更航点位置。长按地图中的航点图标进行拖拽，可移动航点，如图 3-3 所示。

步骤 3　兴趣点打点

航点可以关联兴趣点，飞行时无人机会朝向兴趣点。若想要对某个特定点执行拍摄任务，可以对兴趣点进行打点与设置。兴趣点的打点方式与航点相同。

1. 点击"兴趣点"，进入"兴趣点操作"面板，可使用与航点打点相同的方式，通过遥控器、操作界面、地图进行打点，如图 3-4 所示。地图打点时，兴趣点默认的高度为 50 m。

图 3-3 变更航点位置

图 3-4 兴趣点打点

2. 长按地图中的兴趣点图标进行拖拽,可移动兴趣点。

步骤 4　航点设置

在"航点操作"面板中点击需要设置的航点编号,进行单个航点设置,点击标题中的左切键或右切键可以切换航点,如图 3-5 所示。

航点设置包括相机动作、高度、速度、机头朝向、云台俯仰、变焦方式及悬停时间。

1. 相机动作。可选择拍照、开始或结束录像。

（一）

（二）

（三）

图3-5 航点设置

2.高度。可自定义无人机相对起飞点的高度。

3.速度。可设置无人机的飞行速度为"全局速度"或"自定义速度"。在全局速度下，无人机将保持全局速度通过该航点；在自定义速度下，无人机将从上一个航点平稳加速/减速至该航点，并在到达该航点时达到所设定的速度。

4.机头朝向。包括朝向航线方向、兴趣点方向、自定义朝向（通过滑轮调整角度，地图预览确认）和手动朝向（飞行中手动调整）。

5. 云台俯仰。朝向选定的兴趣点、自定义俯仰角度（通过滑轮调整）和手动调整（飞行中手动控制）。

6. 变焦方式。包含自动变焦、数码变焦（通过滑轮调整倍数）和手动变焦（飞行中手动调整）。

7. 悬停时间。可通过滑轮设定。

航点可被删除，且除相机动作外，其他设置可通过"应用到全部"功能应用于所有航点。

步骤5　兴趣点设置

1. 在"兴趣点操作"面板中，点击需要设置的兴趣点编号，进行单个航点设置；点击标题中的左或右可以切换设置航点。

2. 兴趣点设置中，可设置兴趣点所在的高度与关联航点。

3. 在关联航点设置中，可设置多个航点关联同一兴趣点，如图3-6所示。

（一）

（二）

图3-6　兴趣点设置

步骤6　航线设置

1.在操作面板中,点击"下一步",进入航线设置。

2.航线设置中可调节航线全局速度、任务结束行为、失控行为及起始航点,设置的参数对航线内所有航点生效。任务结束行为与失控行为中,无人机默认执行动作为"返航"。

3.航点顺序不能倒序执行,比如1、2、3、4、5五个航点,选择航点5为起始航点,那么就会直接结束任务;选择航点3为起始航点,则会按照航点3、4、5的顺序来执行航点任务,如图3-7所示。

DJI Fly中所选机型的航点飞行功能为了确保拍摄的流畅性,会自动规划为曲线航线,不需要人为选点设置。

图3-7　航点执行

步骤7　执行航线

1.开始执行航线前,需检查安全设置里的避障行为设置,当设置为绕行或者刹停时,无人机遇到障碍物将执行刹停行为;当设置为关闭时,无人机将无法避障。

2.点击"GO",无人机将开始上传航点飞行任务;上传过程中,若再次点击红色按钮,则取消上传,回到航线编辑状态。

3.开始任务后,操作界面将会显示时间、航点,如图3-8所示。点击"‖"可暂停航线任务,此时若点击"×"将结束任务,无人机将回到航线编辑状态,如图3-9所示;点击"继续",无人机将继续执行航线任务。

4.在航线任务执行的过程中,手动打杆会使无人机当前速度发生变化。

图 3-8 参数显示

图 3-9 结束任务

步骤 8 航点保存

开启航线规划后,系统将自动生成一份航线任务,并每隔 1 min 进行 1 次自动保存,点击"航点操作"面板中左侧的"列表"图标,进入航线任务列表,可手动保存当前航线。

1. 直接保存。保存当前设置至系统自动生成的航线任务。

2. 另存为。创建新的航线任务并保存。

步骤 9 打开历史保存的航线

1. 点击"航点操作"面板中左侧的"列表"图标,进入航线任务列表,查看历史保存的航线任务,单击即可打开历史保存的航线任务,如图 3-10 所示。

2. 点击铅笔图标,可以修改航线任务名称。

3. 向左滑动航线任务,点击"删除",可删除该航线。

4. 点击右上角的图标,可更改航线任务的排序方式。

(1)时间图标。航线将以保存时间的先后顺序进行排序。

(2)量尺图标。航线将以当前位置与起始航点的距离由近及远排序。

(一)

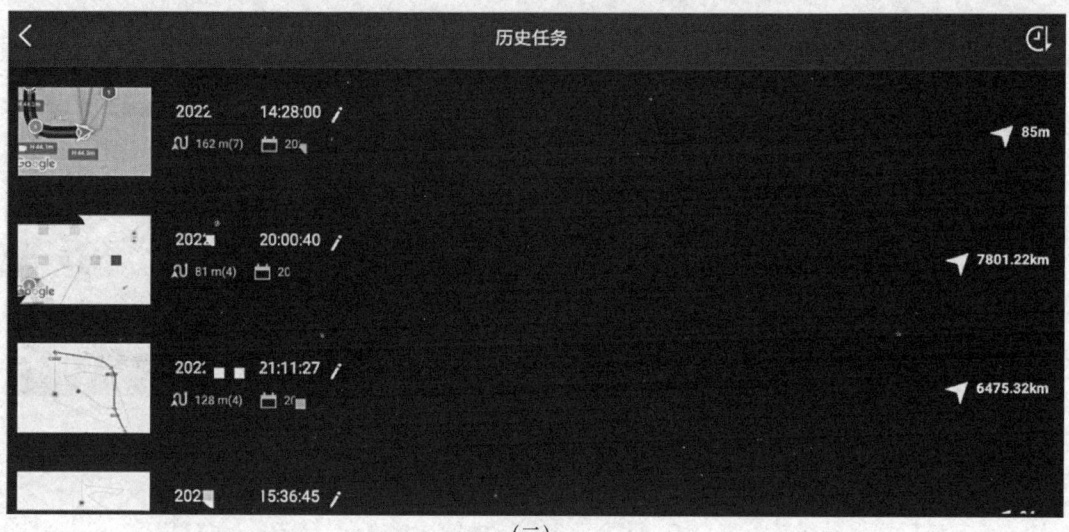

(二)

图 3-10 历史航线查看

步骤 10 关闭航点飞行功能

点击画面左侧的航点飞行图标，可退出航线规划模式。在"确定要退出航点飞行吗？"的弹窗提示中，若点击"保存并退出"，将退出航线规划模式并自动保存为航线任务副本，如图 3-11 所示。

三、注意事项

1. 确保航线避开障碍物，考虑风向、地形等因素，保证飞行安全。
2. 选择直达路径，缩短飞行时间和距离，利用自然条件提高经济性。
3. 复杂地形和带状测区需设置较高重叠率，确保模型完整性和准确性。
4. 根据任务需求和地形特点选择合适的航线类型，如"S"形航线或构架线。
5. 合理布设控制点，提高模型位置精度，选择尖锐、无遮挡、尺寸大且颜色鲜明的标志物。

6. 飞行过程中实时监控无人机状态和环境变化,灵活调整航线以应对突发情况。

7. 制定备选航线和应急处理方案,应对可能出现的突发情况,确保顺利完成任务。

图 3-11　退出航点飞行

学习单元 3　无人机飞行状态监控

一、无人机飞行状态

无人机飞行状态的基础是运动状态的平衡,运动状态包括:垂直运动、俯仰运动、横转运动、偏航运动。垂直运动指上升下降,俯仰运动指前后运动,横转运动指左右运动,偏航运动指转变方向。以下以多旋翼无人机为例。

1. 垂直运动

垂直运动有上升、悬停和下降三种形式,升力大于重力时上升,升力等于重力时悬停,升力小于重力时下降。升力来源于多旋翼螺旋桨转动时产生的升力,重力指的是无人机由于自身重量受到的地心引力。

2. 俯仰运动

俯仰运动包括向前运动、向后运动,向前运动时机头后方的两个螺旋桨加速运动,向后运动时机头前方的螺旋桨加速运动。

3. 横转运动

横转运动包括向左运动、向右运动。以多旋翼无人机为例,右侧竖排螺旋桨加速旋转使得无人机向左运动,左侧竖排螺旋桨加速旋转使得无人机向右运动。

4. 偏航运动(俗称转头)

逆时针旋转的螺旋桨又叫正桨,简称 ccw;顺时针旋转的螺旋桨又叫反桨,简称 cw。正桨加速旋转则机身顺时针旋转,反桨加速旋转则机身逆时针旋转。

二、无人机飞行状态监控的必要性

1. 无人机自身特点制约

在飞行作业过程中,无人机飞行状态信息的获取主要靠驾驶员人眼观测,易受到周围环境和驾驶员经验等因素的影响,获取的信息易出现错误,不能准确进行精细作业。进行飞行状态监控时以可视化软件显示无人机飞行过程中的实时飞行状态信息,初步评估飞行参数,可为无人机性能指标评测提供依据。

2. 无人机飞行状态有不可控性

识别无人机飞行状态是无人机飞行状态分析必要的基础,可为无人机任务调度、智能维护维修和设计优化提供参考信息。执行安防任务的无人机具有现场识别数据量大、各飞行状态持续时间不同、数据混有噪声、无法直接提供飞行意图信息等不可控性,所以需要监控其飞行状态。

3. 飞控现有技术局限性

飞控系统是无人机的重要部件,可以控制无人机的飞行。在现有技术中,如果无人机只有一组传感器,外部干扰或内部故障很容易造成传感器失灵。

三、飞行状态监控的内容与步骤

1. 监控内容

(1)地面站通过无线通信模块与中央处理器进行通信,以便驾驶员实时监测无人机的飞行状态,包括受控状态和失控状态。

(2)在飞行过程中,密切关注无人机的飞行状态、飞行高度、飞行速度、实时图传、卫星数、遥控器信号及电池电量等因素。

(3)通过遥控器显示屏上的相机回传信息小窗口,监测相机能否正常、持续拍摄。

2. 实施步骤

（1）在飞行前进行充分的准备工作，包括在任务规划与监控界面上设定飞行任务，检查无人机及其配件的完好性。同时，检查遥控器与无人机的连接状态，包括 4G 网卡、CORS 信号（卫星连续运行基准站网信号）及电池电量等。

（2）在飞行过程中，通过集成的多种传感器实时追踪无人机的飞行状态，如姿态、位置、速度等关键信息，并通过实时数据反馈机制将这些信息传输到地面站或驾驶员的移动设备上。

（3）飞行结束后，对无人机进行降落操作，并导出飞行数据进行检查和分析，以评估飞行任务的完成情况和无人机的性能表现。

四、系统常见异常与解决方法

1. IMU 校准提示

当无人机使用时间比较长或者受到碰撞时，可能会出现 IMU 校准提示，这个时候需要进入设置菜单，点击校准传感器进行校准。也可能会出现校准失败的情况，如果多次尝试都校准失败，就需要返厂维修。

2. GPS 信号弱提示

在无人机飞行中有时会突然提示 GPS 信号弱，造成这种问题的原因主要是受到了周围环境的遮挡，容易进入非导航模式导致炸机。此时不能操控无人机往回飞，而是要迅速拉高无人机，以重新获取 GPS 信号。

3. 指南针异常提示

指南针用于分辨无人机在地理坐标系中的方向，和 GPS 协同工作。指南针比较容易受到磁场、金属等干扰，如果飞行的地方和上一次飞行的地方距离比较远，应重新校准指南针。

4. 动力饱和提示

动力饱和指电机转速达到极限，而且无法获得更大的升力，常见于高海拔、大风环境飞行过程中。这种情况下应该减速飞行或者尽快降落。

5. 电机过载提示

当电机进入异物，对电机的旋转造成阻力时，电机的负载增加，导致发热。当 App 提示"电机过载"时，需要尽快降落，检查排除电机中的异物。如果再次起飞仍然提示"电机过载"，则需要将无人机返厂维修。

6. 电调异常提示

起飞之前，若 App 上提示"电调异常"，应取消飞行；如果正在飞行中出现了这种情况，应该尽快降落，返厂检修。

五、飞行常见异常与解决方法

1. 非导航模式下乱飘

非导航模式即姿态模式，导航模块不参与工作，无人机在此模式下无法实现自动悬停。无人机在非导航模式下乱飘的原因如下：

（1）从控制链路来说，可能是遥控器摇杆没有居中。

（2）从传感器角度来说，可能是飞控的陀螺仪原始水平位置与无人机平面位置不一致，即没有校准水平。

（3）从力学平衡的角度来说，可能是电机的转速不平衡导致的，即电机不水平。

（4）如果无人机只是轻微飘动，速度不是很快，一般是非导航模式下的正常反应。

处理此问题时，要先通过排除法测试确认是哪一种原因导致的问题，然后针对性地解决。

2. 导航模式下漂移

（1）GPS 信号丢失或受到干扰，导致无人机无法准确定位。这种情况下，可以尝试重新校准磁罗盘，确保 GPS 信号良好，并避免在有较强干扰或遮挡物的环境中飞行。此外，使用无人机的光流传感器（如相机）可以提供更精确的水平定位信息，有助于减少水平漂移。

（2）无人机的飞行姿态不稳定。这可能是遥控器摇杆未居中、飞控的陀螺仪未校准、电机转速不平衡或无人机本身振动较大等原因造成的。为了解决这个问题，可以检查遥控器的设置，确保摇杆居中；重新校准飞控的陀螺仪；检查并调整电机的转速平衡；检查无人机结构件之间的连接是否牢固、螺钉是否松动、螺旋桨是否破裂或损坏等。

（3）无人机的控制器参数设置不当。在无人机的地面站软件中，可以调整与姿态控制、位置控制和速度控制相关的参数，以优化飞行控制性能。

3. 各种模式都自旋

这种情况基本是电机不水平导致的。无人机悬停时如果电机水平，电机正转方向与反转方向转速应该基本一致；如果电机不水平，电机正转与反转输出不一致，超过一定的平衡范围会导致无人机自旋。解决方法：重新调整电机水平。

4. 飞行不走直线

（1）GPS受到干扰导致无人机在飞行过程中走"S"线。解决方法：重新校准磁罗盘。

（2）GPS走的是直线但是与机头方向不一致，可能是GPS安装方向与飞控安装方向不一致导致的。解决方法：将GPS旋转一定角度，与飞控安装方向保持一致。

5. 高频抖动与低频晃动

（1）高频抖动可能的原因包括电机转速不平衡、感度调节不当等。解决这类问题，可以尝试调整无人机的PID参数，特别是减少姿态感度和稳定感度来抑制高频抖动。此外，确保电机安装水平、螺旋桨平衡良好也是关键。

（2）低频晃动可能与飞控的居中信号、陀螺仪校准、飞行环境等因素有关。解决低频晃动问题需要确保遥控器遥感居中，飞控的陀螺仪已正确校准，同时避免在强风等不利环境条件下飞行。在软件方面，更新固件和飞控设置，以及使用专业的视频编辑软件中的稳定功能，也能有效减少低频晃动对拍摄画面的影响。

6. 晃动幅度大

晃动幅度大一般与振动有关。

（1）硬件安装正确且状态良好。检查并紧固云台螺钉，确保云台电机没有物理损伤，云台平衡调整到位。确保电机和螺旋桨重量和形状尽可能对称，必要时可以进行动平衡调节，以减少晃动。

（2）软件设置正确。确保无人机的固件和飞控软件均为最新版本，同时通过无人机控制软件进行云台校正，并适当调整飞控的参数，如增益设置和飞行模式，以适应不同的飞行环境和任务需求。

（3）飞行操作技巧和环境选择。在飞行过程中，避免过于激烈的操作，如急速飞行和突然变向，保持平稳的控制动作。选择合适的飞行环境，避免在强风、雨雪等恶劣天气条件下飞行，选择平整的起飞和降落点。

如果以上方法都无法解决问题，可以考虑使用第三方防抖设备，如减振板或防抖套件，以进一步减少无人机在飞行过程中的晃动幅度。

7. 起飞后大动作或者大载重蹿高

这种情况同样也是振动导致的。IMU用于测量加速度，而振动系数同样也可以用加速度表示。大载重时振动明显增大，如果超出 IMU 的测量范围，无人机就会蹿高。解决方法：检查无人机结构件之间的连接、螺钉是否松动，螺旋桨是否破裂或者损坏等。

8. 姿态模式稳定、GPS 模式不稳，小动作多

姿态模式用的传感器比较少，只有 IMU 在工作，所以干扰因素也会比较少，只要振动不是很大，无人机操作和飞行姿态都会反应良好。但是 GPS 模式下无人机使用所有的传感器，因此容易受各种因素干扰。解决方法：多调试，重新校准磁罗盘，确保方向准确。

六、注意事项

在监控无人机飞行状态时，需时刻关注无人机的飞行姿态、高度、速度及电池电量等关键信息，确保其在安全范围内运行。同时，要留意周围环境，如天气状况、障碍物位置等，避免碰撞风险。还需定期检查无人机与遥控器之间的连接稳定性，以及无人机各部件的工作状态，如电机、传感器是否正常。若发现异常，应立即采取措施，如调整飞行参数、返航或紧急降落，以确保飞行安全。

 小贴士

1. 更换损坏螺旋桨时，需将一对螺旋桨同时更换，尽量减少由于螺旋桨动平衡造成的姿态不稳定。

2. 每次更换作业场地（直线距离超过 5 km）需进行一次指南针校准，然后进行空机试飞，观察搜星情况、无人机状态，然后再开始安防作业。

3. GPS 及电子设备、飞控设备需注意防潮，做好保护措施。

培训课程 3　应急处置

学习单元 1　起飞与降落中止操作

无人机起飞与降落中止操作是指在无人机起飞或降落过程中，由于安全或其他原因，需要立即停止当前操作的行为。需要进行起飞与降落中止操作的情况通常有以下几种：无人机出现不稳定飞行，如在起飞或降落过程中无人机出现明显的晃动、偏离航线或飞行高度不稳定等情况；周围环境突然变化，如遇到突发的强风、降雨、雷电等恶劣天气条件，或者起飞/降落点周围突然出现障碍物、人群等；无人机系统故障，如在起飞或降落过程中，无人机出现电池电量不足、遥控器信号中断、飞行控制系统故障等异常情况；在起飞或降落过程中驾驶员出现误操作，如误触遥控器上的按钮或摇杆，导致无人机飞行状态异常。

在这些情况下，迅速且准确地执行起飞与降落中止操作对于确保无人机和周围人员的安全至关重要。因此，无人机驾驶员在飞行前应充分了解无人机的性能和操作规范，熟悉紧急情况下的应对措施，并在飞行过程中保持高度警惕和专注。

一、起飞中止操作

1. 操作方法

当遇到需要立即停止起飞的情况时，驾驶员应首先进行紧急停机操作，通常通过按下遥控器上的"急停"或类似功能的按钮来实现。按下该按钮后，无人机会立即响应，停止当前的起飞动作，并尽可能迅速且平稳地悬停在空中。

在紧急停机后，无人机可能会因为各种原因（如风力、惯性等）出现轻微晃动或偏移。此时，驾驶员应通过操作遥控器上的摇杆或其他控制装置，微调无人机的飞行高度、方向等参数，以确保其保持在一个稳定且安全的状态。

如果无人机无法稳定悬停或存在其他安全隐患，应立即考虑执行其他紧急措施，如紧急降落或返航，以确保无人机和周围环境的安全。

2. 注意事项

起飞中止被迫降落时容易受到地面因素影响导致事故。在无人机起飞前，应查看现场环境，远离人群，并查看起飞点上空是否有树枝、电线等障碍物；降落前，应保证降落环境安全，如有人员或车辆经过，应立即往上打杆进行避让。

二、降落中止操作

1. 操作方法

当无人机开始降落但遇到需要中止的情况时，驾驶员应立即停止降低无人机的高度，不再继续下推遥控器上的油门或高度控制摇杆。

为了保持无人机的稳定，驾驶员可能需要微调无人机的飞行姿态，包括调整无人机的方向、速度等，以确保其不会失控或坠毁。在紧急情况下，如果无人机无法稳定悬停或降落环境变得不安全，驾驶员应立即执行紧急上升操作，迅速上推遥控器上的油门或高度控制摇杆，使无人机迅速上升并远离潜在的危险区域。

一旦无人机处于安全状态，驾驶员应评估当前情况并决定是否继续尝试降落或采取其他行动。如果需要中止降落并返航，应确保无人机有足够的电量和稳定的飞行状态来安全返回起飞点或指定的安全区域。

2. 注意事项

在决定中止降落之前，驾驶员应迅速评估当前环境、无人机状态及可能的危险因素，如风速、降落点障碍物等。必须保持冷静，避免因紧张或慌乱而误操作。

驾驶员应密切关注无人机的飞行姿态、高度、速度及电量等关键指标，确保无人机处于可控状态。

如果无人机无法稳定悬停或降落环境仍然不安全，驾驶员应迅速决定是继续尝试安全降落、执行紧急返航操作还是采取其他应对措施。在做出决策时，应充分考虑无人机的飞行能力、电量及周围环境的复杂性。

学习单元 2　飞行中更改飞行计划

飞行计划是指为达到其飞行活动目的而制订的计划，包括运行和安排有关航空器、驾驶员、航路、航线、空域、起降场地、飞行时间等内容的飞行活动方案。

一、飞行计划更改条件

1. 飞行任务发生变化

目标区域、任务性质、数据采集要求等发生调整，原有的飞行计划可能不再适用，需要根据新的任务需求进行更改。

2. 飞行环境与条件发生变化

遇到恶劣天气、飞行区域限制、空中交通管制等情况，需要对飞行计划进行相应的调整。例如，风力与风向的变化可能影响无人机的飞行稳定性和航线选择，因此需要重新评估并调整飞行计划。

3. 无人机本身的性能或状态变化

无人机在起飞前检测到机械故障、电量不足或其他异常情况，驾驶员需要立即更改飞行计划，以确保无人机的安全。

4. 政策法规变化

随着无人机技术的快速发展和应用普及，各国对无人机飞行的监管政策也在不断调整和完善。在飞行前，驾驶员需要仔细研究并遵守相关的法规要求，如有必要，还需对飞行计划进行相应的调整。

二、飞行计划更改要求

飞行计划要随无人机飞行状态变化而改变，根据不同的任务和安防任务需求，合理更改飞行计划，并且合理配置安排警用无人机人员、装备，科学制订飞行计划，做到合理规划、应急预案、安全飞行。

1. 明确更改飞行计划的原因

更改飞行计划的原因可能是任务目标的变化、飞行环境的变化、无人机状态的调整或政策法规的要求等原因。驾驶员需根据具体原因有针对性地更改飞行计划。

2. 收集并分析相关数据

相关数据包括新的任务目标、飞行区域的地图、气象数据、空中交通管制信息、无人机当前的性能状态等。通过对这些数据的分析，驾驶员可以更准确地判断飞行计划中需要更改的内容。

3. 根据分析结果对飞行计划进行相应调整

调整可能包括飞行路线、飞行高度和速度、拍摄或数据采集的参数、无人机的起飞和降落点等。在调整过程中，驾驶员需要确保无人机在飞行过程中不会与障碍物发生碰撞，同时满足任务的需求和相关的安全标准。

4. 对新的飞行计划进行验证和测试

可以通过模拟飞行、实际试飞等方式进行验证和测试，目的是确保新的飞行计划可行，并且无人机能够按照计划安全、稳定地飞行。

5. 将更改后的飞行计划提交给相关部门进行审批或备案

为了确保飞行计划的更改符合相关法律法规和行业标准，同时也为了保障其他空中交通参与者的安全，在通过相关部门审批或获得备案后，驾驶员才能按照新的飞行计划执行飞行任务。

学习单元 3　应急处置操作

一、应急操作概念

无人机应急操作是指无人机在执行任务飞行过程中，遇到外部环境、人为因素、管理因素、机器故障等，无人机出现不稳定、断电等紧急情形，需要采取应急处置措施的行为，包括应急规避操作、应急返航操作、应急降落操作。

二、应急操作类型

1. 应急规避操作

（1）保持冷静，迅速评估紧急情况的性质和严重程度。判断无人机当前的状态，如飞行高度、速度、位置及电量等关键信息，同时观察周围环境，确定是否存在威胁或障碍。

（2）根据评估结果立即调整无人机的飞行路径，通常涉及操控无人机进行快速爬升、俯冲、转向或悬停等动作，以避免与障碍物碰撞或进入危险区域。在操作过程中，应确保无人机的飞行姿态稳定，避免因过度操控导致无人机失控。

（3）密切关注无人机的电量和飞行时间，确保在应急规避过程中无人机不会因电量耗尽而坠落。若电量不足，应尽快寻找合适的降落点进行紧急降落。

（4）与相关部门或团队保持通信，包括空中交通管理部门、应急救援队伍及无人机制造商等，及时报告紧急情况并请求支援，同时获取帮助和指导。

（5）紧急情况解除或无人机安全降落后，应对无人机进行全面检查，记录相关数据和事件经过，以便后续分析和总结。同时，也应对此次应急规避操作进行反思和评估，总结经验教训，提高未来应对类似情况的能力。

2. 应急返航操作

（1）立即确认无人机当前的状态，包括电量、信号强度、飞行高度和速度等关键信息，判断无人机是否具备返航条件，并据此制订返航计划。根据无人机的状态和紧急情况的具体性质，迅速做出决策，确定是否立即返航。如果无人机状态允许且返航路径安全，则应立即启动返航程序。

（2）在启动返航程序后，密切关注无人机的飞行轨迹和状态，确保无人机按照预设的返航路线安全飞行。同时，通过遥控器或地面站对无人机进行实时操控和调整，以应对可能出现的突发情况。

（3）在返航过程中与相关部门或团队保持通信，及时报告无人机的返航情况和预计到达时间。这有助于相关部门做好接收准备，并确保无人机在返航过程中得到必要的支持和协助。

（4）无人机安全降落在起飞点或指定的安全区域后，应对无人机进行全面检查，确认无人机是否受损及是否需要维修。同时，也应对此次应急返航操作进行反思和评估，提升未来应对类似情况的能力。

3. 应急降落操作

（1）当无人机出现紧急情况时，迅速分析故障的性质和无人机当前的状态。检查遥控器上的指示灯和无人机的飞行状态，判断是否可以恢复控制。如果无法恢复控制，应立即启动紧急降落程序。

（2）在紧急降落前需要选择一个开阔且安全的降落地点，远离人群、建筑物和障碍物，确保无人机在降落过程中不会造成人员伤害或财产损失。同时，地面应平坦且没有松软的土壤或沙地，以防无人机在降落时倾倒或受损。

（3）根据无人机的具体情况选择合适的降落方式。如果遥控器仍然可用，可以尝试手动控制无人机的高度和飞行方向，缓慢降低高度并确保水平飞行，直至无人机安全降落。如果无法进行手动控制，可以激活无人机的自动降落功能，让无人机自动寻找安全的降落地点并执行降落操作。

（4）在紧急降落过程中持续观察无人机的状态，确保无人机按照预定的路线和速度降落。如果发现无人机出现异常情况，如偏离预定路线、速度过快或过慢等，应立即采取措施进行调整。

（5）无人机成功降落后对无人机进行全面检查，确认是否有损坏或故障。如果发现无人机受损或存在故障，应立即进行修复或更换部件，以确保无人机能够再次安全飞行。

培训课程 4

飞行作业

学习单元1 载荷工作状态监控

安防无人机需要在极端条件下运行并执行各种任务,需要我们在进行飞行作业时监控其搭载载荷的工作状态,确保飞行作业顺利完成。

一、载荷工作状态概念

无人机在执行特定任务时,其搭载的仪器、设备等各个子系统按照既定功能稳定运行、出现异常、故障报警等状态即为载荷工作状态,包括无人机载荷关机状态、无人机载荷开机状态、无人机载荷故障状态。

二、监控载荷工作状态的意义

1. 确保无人机在执行任务时的安全性和可靠性

载荷是无人机执行任务的关键部分,其工作状态直接影响无人机任务的执行效果和无人机的安全。监控载荷的工作状态可以及时发现并处理载荷的异常情况,避免无人机因载荷故障而发生事故。

2. 提高无人机的任务执行效率

无人机在执行侦查、监测、拍摄等任务时,需要依靠载荷来获取相关数据和信息。如果载荷工作状态不佳,可能会影响数据的获取质量,甚至导致任务失败。监控载荷的工作状态可以及时调整载荷的工作参数,确保其处于最佳工作状态,从而提高任务执行效率。

3. 推动无人机智能化发展

随着人工智能技术的不断发展,无人机将具备更加自主化和智能化的飞行和操作能力。监控载荷工作状态可以作为无人机智能化的一部分,通过数据分析、机器学习等方法,实现对载荷工作状态的智能监控和预测,进一步提高无人机的自主飞行和任务执行能力。

三、载荷工作状态的监控内容

载荷工作状态的监控内容涵盖了多个方面,以确保无人机在执行任务时的稳定性和高效性。

1. 载荷本身的运行参数

载荷本身的运行参数包括相机、传感器等设备的工作状态、拍摄质量、数据传输速率等。这些参数能够直接反映载荷是否正常工作,以及是否满足任务需求。例如,在航拍任务中,监控系统会关注相机的拍摄角度、焦距、曝光等参数,以确保拍摄到清晰、高质量的画面。

2. 载荷与无人机之间的数据传输链路

载荷与无人机之间的数据传输链路是任务执行的关键环节,其稳定性和可靠性直接影响任务的成败。监控系统会实时监测数据传输链路的信号强度、传输速率、误码率等指标,以确保数据能够准确、及时地传输到地面站或指定的接收设备。

在监控过程中,如果发现载荷工作状态出现异常,如设备故障、数据传输中断等情况,监控系统会立即发出警报信息,并通知驾驶员采取相应的措施进行处理。同时,监控系统还会记录异常事件的相关信息,以便后续进行故障分析和排查。

学习单元 2　载荷数据获取

无人机载荷数据获取是指通过无人机上搭载的各种传感器、相机、雷达等任务载荷设备,收集并传输与任务相关的各种数据和信息的过程,对于无人机任务执行具有重要意义。

一、载荷数据获取的意义

在安防救援中,无人机载荷数据获取可以发挥不可替代的作用。例如,在地震、洪水等自然灾害发生时，无人机可以迅速飞往灾区，通过搭载高清相机、红外热成像相机等设备，实时采集灾区的影像资料和热辐射数据。这些数据有助于救援人员快速了解灾情，制定科学的救援方案，提高救援效率。同时，无人机还可以搭载通信中继设备，为灾区提供临时的通信网络，保障救援工作顺利进行。

二、载荷数据获取的方法

1. 基于传感器的数据获取

无人机可以搭载各种传感器，如温度传感器、湿度传感器、气压传感器等，以获取环境数据。这些传感器通过测量周围的环境参数并将其转换为电信号或其他可识别的形式，实现对环境参数的获取和实时监测。

2. 基于相机的数据获取

（1）可见光相机。无人机搭载的高清可见光相机可以拍摄地面的高分辨率图像，用于地理测绘、城市规划、灾害评估等领域。通过图像处理技术，可以从这些图像中提取有用的信息，如地形地貌、建筑物分布等。

（2）红外热成像相机。红外热成像相机可以检测物体表面的热辐射，生成红外热图像。这种技术在农业监测、森林火灾预警、夜间侦查等领域具有广泛应用，在分析红外热图像的基础上，可以了解物体的温度分布和热量损失情况。

（3）多光谱相机。多光谱相机能够同时获取多个波段的光谱信息，用于植被监测、土壤湿度检测、水质分析等领域，可以揭示物体的更多细节和特性。

3. 基于雷达的数据获取

（1）合成孔径雷达（SAR）。SAR 是一种主动成像雷达，通过发射微波信号并接收其回波生成高分辨率的地形图像，能够穿透云层成像，适用于全天候、全天时的地形测绘和侦查任务。

（2）激光雷达（LiDAR）。LiDAR 通过发射激光束并接收其回波，测量目标与无人机之间的距离和方位角，从而生成三维点云数据。这些数据可以用于地形测绘、建筑物建模、植被高度测量等领域。

4. 基于其他载荷的数据获取

无人机还可以搭载其他类型的载荷，用于特定领域的数据获取。例如，在环境监测中，无人机可以搭载气体检测仪检测大气中的污染物浓度；在水质检测中，无人机可以搭载水质检测仪检测水体的各项指标。

三、数据获取与处理流程

无论采用哪种载荷进行数据获取，都需要经过一系列的处理流程才能将原始数据转化为有用的信息。处理流程通常包括数据采集、数据传输、数据存储、数据预处理、数据分析等。在数据采集阶段，无人机载荷会实时采集数据并将其传输到地面站或云端服务器进行存储和处理。在数据预处理阶段，会对原始数据进行清洗、校正和格式化等操作，提高数据的质量和可用性。在数据分析阶段，会运用各种算法和模型对预处理后的数据进行分析和解读，以提取有用的信息。

学习单元3　载荷参数更改

一、载荷参数种类

无人机载荷参数是无人机执行任务时搭载在机身上的各种设备的性能指标，这些参数定义了载荷的能力、限制及适用范围。无人机载荷参数主要包括载荷的重量、尺寸、功率、续航时间等，其中，比例参数（P）、衍生参数（D）和完整参数（I）是载荷参数的重要组成部分，各自具有不同的特性和应用场景。

1. 比例参数（P）

比例参数即无人机载荷比，是指无人机所能承载的有效载荷重量与其自身重量的比值。比例参数是无人机设计和运用中最重要的指标之一，直接影响到无人机的使用范围和效能。

比例参数的大小直接反映了无人机承载能力和飞行性能的关系。比例参数较高意味着无人机在携带相同重量载荷时，自身重量更小，飞行效率和续航能力更好。但过高的载荷比也可能导致无人机结构强度下降，影响飞行安全性。因此，在设计无人机时，需要根据实际需求和任务类型，合理设置比例参数。

2. 衍生参数（D）

衍生参数是基于比例参数和其他相关参数，通过一定的计算或推导得出的参数，通常用于更精细地描述无人机的载荷性能或优化载荷配置。例如，可以根据载荷比和无人机的动力性能推导出无人机的最大起飞重量、最大飞行速度等参数。

衍生参数在无人机的实际应用中具有重要意义，可以帮助驾驶员更好地了解无人机的性能特点和使用限制。

3. 完整参数（I）

完整参数是指包括比例参数、衍生参数在内的一系列参数集合，它们共同描述了无人机的载荷性能和使用条件。完整参数不仅包括无人机的载荷比、最大起飞重量等，还包括无人机的结构尺寸、能源系统、控制系统等方面的参数。这些参数共同构成了无人机载荷性能的全面描述，为无人机的设计、制造和运用提供了重要的参考依据。

在无人机设计和运用过程中，需要根据实际需求选择合适的载荷参数。同时，还需要综合考虑无人机的结构、能源、控制等方面的因素，确保无人机在满足载荷要求的同时，保持良好的飞行性能和安全性。

二、载荷参数更改的意义

1. 优化无人机的性能

无人机在执行各种任务时，如航拍、地质勘探、环境监测等，需要根据具体任务需求搭载不同的载荷设备，如相机、传感器等。调整载荷参数，如载荷重量、载荷分布等，可以确保无人机在搭载这些设备时仍能保持稳定的飞行性能和高效的作业能力，亦可延长无人机的使用寿命。

2. 适应不同任务的需求

不同的任务对无人机的载荷要求不同，有些任务需要搭载较重的载荷，而有些任务则对载荷的精度和稳定性有更高的要求。调整载荷参数可以根据具体任务需求灵活配置无人机的载荷设备，在满足任务需求的同时降低任务执行的成本和风险。

3. 降低飞行事故风险

在无人机飞行过程中，如果载荷过重或分布不均，可能会导致无人机失去平衡或无法稳定飞行，从而增加飞行事故的风险。调整载荷参数可以确保无人机在搭载载荷时仍能保持稳定的飞行状态，降低飞行事故的风险。

三、载荷参数更改的要求

1. 了解载荷性能

在更改载荷参数之前需要充分了解新载荷的性能指标，包括重量、尺寸、功率需求、数据传输速率等。

2. 评估无人机承载能力

根据无人机的技术规格评估其是否能够满足新载荷的性能要求。特别是要注意无人机的最大起飞重量、载荷挂载点和挂载方式等。

3. 调整飞行参数

载荷参数的更改可能会影响无人机的飞行性能,因此需要根据新载荷的性能指标调整无人机的飞行参数,如飞行速度、高度、航程等。

4. 测试与验证

在实际飞行前,需要对无人机进行充分的地面测试和飞行测试,以验证新载荷的性能和无人机的飞行稳定性。在测试过程中,需要密切关注无人机的飞行姿态、动力系统、数据传输等关键指标,确保无人机能够安全、稳定地飞行。

5. 考虑环境因素

载荷参数的更改可能会影响无人机在不同环境下的表现。因此,在更改载荷参数时需要考虑无人机将要在哪些环境下执行任务,如气候、风速、温度等。

6. 遵守法律法规

在更改载荷参数时需要确保无人机和载荷符合当地的法律法规要求,特别是关于无人机的飞行高度、速度、限飞区等方面的规定。

7. 记录与备份

在更改载荷参数后需要详细记录更改的内容和结果,以便日后参考和追溯。同时,建议对无人机的固件和软件进行备份,以防更改过程中出现意外情况导致数据丢失。

载荷参数更改方法

一、操作准备

1. 了解载荷特性。熟悉可见光相机、红外热成像相机及激光雷达的基本工作原理和主要参数。

2. 准备工具软件。确保有适当的软件调整和设置载荷的参数。

3. 检查环境条件。确认环境的温度、湿度等条件。

二、操作步骤

步骤1　更改可见光相机参数

1. 进入相机的设置菜单。

2. 分别调整光圈大小、感光度（ISO）和快门速度至所需值。

步骤2　更改红外热成像相机参数

1. 打开红外热成像相机的设置界面。

2. 精确设定被测物体的发射率。

3. 根据需要调整温度、湿度和距离等参数。

步骤3　更改激光雷达参数

1. 选择适当的点云密度（高、中、低）。

2. 根据使用场景选择相应的处理模式。

3. 在高级设置中，配置点云有效距离、点云精度优化、输出坐标系和格式。

三、注意事项

1. 了解每个参数调整对最终结果的具体影响，避免调整过度或不足。

2. 对于红外热成像相机，要特别关注环境因素（如温度和湿度），以及被测物体的材质，以确保测量精度。

3. 在选择激光雷达的输出格式时，要考虑到后续数据处理软件的兼容性。

4. 调整完毕后，确保设置已保存且生效，必要时进行测试以验证设置的正确性。

学习单元4　目标跟踪

一、目标跟踪的概念

无人机目标跟踪是指利用无人机搭载的传感器和摄像头，对特定目标进行实时监测和跟踪的过程。基于无人机的识别与追踪是目前最热门的应用之一，可以为其他应用提供很好的技术支持。

二、目标跟踪的种类

1. 视觉目标跟踪

视觉目标跟踪是指通过无人机搭载的摄像头捕捉的图像来实时监控和跟踪移动对象的技术,利用计算机视觉和图像处理算法来识别和定位目标。这种技术广泛应用于安防监控、军事侦察、灾害救援等领域。例如,在城市安防中,无人机可以实时监控特定区域,发现并追踪可疑人员或车辆。

2. 基于传感器的目标跟踪

基于传感器的目标跟踪是指通过无人机搭载的雷达、激光雷达等传感器来捕捉目标的距离、速度等信息,并结合算法进行目标跟踪的技术。这种技术主要用于需要精确测量目标位置和速度的场景,如自动驾驶汽车的测试、空中交通管理等。此外,这种技术还可以用于环境监测、野生动物保护等领域,如通过跟踪野生动物的迁徙模式来研究它们的生态习性等。

3. 多目标跟踪

多目标跟踪是指无人机在同一时间内跟踪多个目标的技术,通常结合了先进的算法来处理复杂场景中的多个目标。多目标跟踪技术广泛应用于体育赛事直播、大型活动监控、交通管理等领域。例如,在体育赛事中,无人机可以跟踪多个运动员的运动轨迹,为观众提供独特的视角;在交通管理中,无人机可以同时监控多个路口的交通流量,帮助交通管理人员更好地掌握交通状况。

4. 智能识别目标追踪

智能识别目标追踪是指无人机通过集成先进的图像处理和机器学习算法,能够自动识别并跟踪特定目标的技术。这种技术通常包括目标检测、识别、持续追踪及遮挡后再追踪等关键步骤。智能识别目标追踪技术广泛应用于智慧城市、安防监控、交通管理等领域。例如,在智慧城市中,无人机可以智能识别可疑人员或车辆,并进行稳定跟踪和实时定位;在安防监控中,无人机可以自动识别并追踪入侵者,提高监控效率和反应速度。

目标跟踪

一、操作准备

1. 特征选择。根据目标特性选取合适的视觉特征，如颜色、边缘、光流或局部特征描述，确保特征在特征空间中显著可分。基于区域的目标模型常用颜色直方图，而基于轮廓的则用边缘特征。多特征联合使用可增强跟踪效果。

2. 颜色表示。分析目标物体的颜色特征时，考虑在 RGB（R 代表红色，G 代表绿色，B 代表蓝色）色彩空间中表示数据，或使用更符合人眼感知的 HSV（H 代表色调，S 代表饱和度，V 代表明度或亮度）、Luv（L 代表亮度或明度，uv 是色度坐标，用于描述颜色的色相和饱和度）等色彩空间以提升效果。

3. 边缘检测。选取有效的边缘检测算法（如 Canny 算法，即算子边缘算法）来提取目标边界特征，利用物体边界移动引起的图像像素变化进行目标跟踪。

4. 光流计算。利用亮度约束假设，在视频序列中通过计算光流来表示区域内像素点的瞬时速度，适用于基于运动的目标分割和跟踪。

5. 局部特征描述。从视频图像局部区域提取具有不变性和较强可分性的特征点，如 LBP（局部二值模式）特征、SIFT（尺度不变特征变换）特征，以增强跟踪算法的鲁棒性。

二、操作步骤

步骤 1 启动无人机和遥控器，确保无人机和遥控器已充满电并正确连接。

步骤 2 连接手机和应用程序，使用数据线或无线将手机与遥控器连接，并启动 DJI GO 或 DJI Fly 等应用程序。

步骤 3 在应用程序的主界面点击"相机"图标进入相机视图界面。

步骤 4 在相机视图界面点击"智能飞行模式"图标，然后选择"目标追踪"模式。

步骤 5 在屏幕上用手指框选希望追踪的对象，或使用应用程序提供的其他选择方式（如目标扫描）。

步骤 6 点击"开始"按钮或相应的追踪指令，无人机将自动调整飞行姿态和摄像头角度，开始追踪选定的对象。

步骤7 在追踪过程中可以通过应用程序实时监控无人机的飞行状态和追踪效果。根据需要，可以使用遥控器或应用程序调整无人机的飞行参数和摄像头角度。

步骤8 当需要停止追踪时，可以通过应用程序点击"停止"按钮或执行相应的停止指令。

三、注意事项

1. 遮挡处理。对于部分遮挡，可利用检测机制判断是否更新模板或分块跟踪未遮挡部分；完全遮挡情况尚无有效解决方法。

2. 形变应对。面对目标形变导致漂移，更新目标表观模型以适应变化，关注模型更新的时机和频率。

3. 背景杂斑。利用目标运动信息预测轨迹，避免误判相似目标；更新训练，提高对背景与目标的辨别能力。

4. 尺度变换。应对目标尺度变化，生成多尺度候选框或在不同尺度目标上跟踪，选择最优预测结果。

典型案例

2021年8月，某地接二连三发生电动自行车、山地车被盗案件，群众的财产遭受损失，降低了群众的安全感。

对于此类盗窃案件，该地区公安局牢固树立"小案不小看、小案不小办"的工作理念，立即开展侦查工作，通过各种途径查找线索，迅速确定了犯罪嫌疑人的活动范围及长相特征。

工作中，全体民警辅警加班加点，紧急调取相关信息，迅速锁定了犯罪嫌疑人的活动轨迹，并利用无人机在嫌疑人活动区域追踪查找，为破获此案提供了侦查技术支持。通过无人机的精准搜索，最终发现了嫌疑人杨某某，民警辅警齐上阵成功将其抓获。

经审讯，嫌疑人杨某某对自己的盗窃行为供认不讳，追回被盗山地车5辆、电动自行车2辆、手机2部，如图3-12所示。

图 3-12　空中探查及赃物追回

培训课程 5

数据处置

学习单元1　无人机数据导出

一、无人机数据导出内容

无人机数据导出指飞控、陀螺仪、GPS等数据的导出，即无人机平台数据的导出。

1. 飞控信息数据

飞控信息数据主要包含位置、速度、姿态、角速度等导航信息和加速度计、陀螺仪、磁强计等传感器信息。例如，无人机的飞行姿态信息即飞行中无人机机体轴相对于地面的角位置，通常用以下三个角度表示：

（1）俯仰角，无人机机体纵轴与水平面的夹角。

（2）偏航角，无人机机体纵轴在水平面上的投影与该面上参数线的夹角。

（3）滚转角，无人机对称平面与通过无人机机体纵轴的铅垂平面间的夹角。

驾驶员可操纵摇杆改变无人机的飞行姿态，并由飞行仪表上的指示判定。

2. OSD运行适用性数据

OSD数据主要包含无人机的飞行状态信息，如GPS信号强度、飞行状态、返航状态等。

二、无人机数据导出作用

1. 方便查看飞行数据

（1）无人机的飞行数据在机身和云端，在不使用无人机机体的情况下，很难查看具体飞行数据，因此要将无人机数据及时导出。

（2）无人机飞行数据是无人机机体运动轨迹的数据集合，机身内存有限，若不及时导出，前期保存数据将被覆盖。

2. 方便分析飞行情况

（1）无人机的飞行数据是无人机飞行过程中各种环境信息与机身信息的集合。飞行数据可以用于分析当时机体自身的各项状况，查明机体漏洞及设计不足之处。

（2）飞行数据还可以用来分析环境信息的具体情况，如可通过 GPS 信号强弱来分析当地电子信号干扰度，方便后续的航线选择。

（3）飞行数据还可以用来复盘驾驶员的操作情况，通过事后的飞行数据可判定驾驶员在飞行过程中下达的各项指令内容及当时所处情况，方便查清驾驶员操作问题及事故后责任判定。

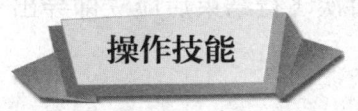

操作技能

无人机数据导出

一、操作准备

1. 准备工具。数据线、计算机、调参软件（如 DJI Assistant 2）和最新版本的 iTunes（数字媒体播放软件）。

2. 设备检查。确认无人机及移动设备的电量充足，避免在导出过程中因电量不足而中断。

3. 环境准备。选择一个稳定的环境进行操作，确保在导出数据时不会因为环境因素（如振动）影响数据传输的稳定性。

二、操作步骤

步骤 1　通过无人机机身导出飞控数据

1. 使用数据线连接无人机与计算机。

2. 打开调参软件，选择相应的飞行器并进入产品页面。

3. 在左侧菜单中选择"日志导出"，勾选所需时间点的数据，然后保存至本地。

4. 等待进度条完成，数据导出成功。

步骤2　连接移动设备导出飞行记录

1. 安卓设备

（1）将安卓设备连接至计算机，打开设备文件夹。

（2）找到并保存 FlightRecord 文件夹。

2. iOS 设备

（1）将 iOS 设备连接至计算机，打开 iTunes。

（2）依次点击"手机图标""文件共享""DJI Fly""FlightRecord"。

（3）点击"FlightRecord"后选择"保存到"以保存文件。

三、注意事项

1. 内存卡保护。操作内存卡时要防止接触水或高温物体，避免损坏。

2. 及时导出数据。为避免数据丢失或内存不足，每次飞行结束后应立即导出数据。

3. 数据备份。为防止意外，导出数据后应进行备份。

4. 软件更新。确保使用的调参软件和 iTunes 是最新版本，以避免兼容性问题。

5. 正确操作。按照步骤正确操作，避免错误操作导致数据损坏或丢失。

学习单元2　载荷数据导出

一、载荷数据导出内容

1. 光学数据

光学数据是采用光学摄影系统获取的以感光胶片为介质的图像数据，通常指可见光和部分红外波段传感器获取的影像数据，主要包括日常拍摄及执行任务时获得的图片、视频等。

2. 红外数据

红外数据是指无人机搭载的红外载荷所采集和处理的数据，已在文化艺术、司法公安、医学生物、遥感、天文、农林、工业及科学研究中得到广泛的应用。红外数据导出必须使用感红外光的胶片。

二、载荷数据导出作用

1. 防止数据丢失

（1）无人机SD卡存储量有限，若数据过大，后续素材可能无法被录入SD卡内，造成工作成果的浪费。

（2）无人机拍摄内容保存并不完全稳定，突发情况下SD卡内数据可能无法完好保存。因此在每次拍摄完成后，应尽快导出载荷数据，防止数据丢失。

2. 方便查看素材

（1）无人机拍摄内容繁多，如果不及时查看，很快会忘记具体拍摄内容，对后续应用造成不利影响。导出素材后可快速、便捷查看，方便后续的应用。

（2）查看素材便于驾驶员认识到自己拍摄过程中存在的问题和不足之处，方便后续提高与改进。

（3）拍摄素材中有些不可用，这些内容会大量占据SD卡的空间。导出素材可快捷地将这些无用数据清理掉，避免占用SD卡的内存。

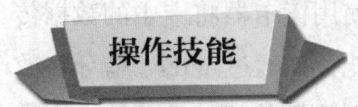

操作技能

操作任务1

可见光相机数据导出

一、操作准备

1. 确保兼容性。确认无人机和移动设备或计算机的兼容性，以及所需的应用程序是否已安装且为最新版本。

2. 设备充电。确保无人机、移动设备和计算机的电量充足，避免在导出过程中电源中断。

3. 准备数据线或读卡器。准备适用于无人机的数据同步线或读卡器，以便连接到计算机。

4. 备份SD卡数据。在操作前对SD卡中的数据进行备份，以防数据丢失。

5. 软件更新。检查无人机固件和所用软件（如DJI Fly App）是否为最新版本。

二、操作步骤

步骤1　导出至移动设备

1. 手机快传。对于支持手机快传的机型，直接通过手机连接无人机，无须使用流量即可下载素材。

2. 普通下载。将无人机、遥控器与移动设备连接，打开相应的App，选择并下载所需素材。

步骤2　导出至计算机

1. 使用数据线连接无人机与计算机，或使用读卡器读取SD卡。

2. 在计算机上访问无人机的存储盘，将所需文件复制到计算机硬盘。

三、注意事项

1. 在导出数据之前，务必确保无人机和相机都处于良好的工作状态。检查电池电量是否充足、存储卡是否有足够的剩余空间、相机是否设置正确。

2. 根据无人机的型号和相机的配置，导出方式可能会有所不同。一些无人机支持通过USB数据线直接连接计算机进行数据传输，这种方式通常速度较快且稳定；另一些无人机则可能使用SD卡或类似存储介质，需要使用读卡器将卡中的数据传输到计算机上。此外，还有一些无人机支持无线传输功能，如通过WiFi、蓝牙将数据传输到手机或计算机上，这种方式更加便捷，但可能受到网络环境和传输速度的限制。

3. 在导出数据的过程中要注意保护数据的完整性和安全性，确保在传输过程中不会中断，避免数据丢失或损坏。同时，对于包含敏感信息的数据，要采取适当的加密和保护措施，防止数据泄露。

4. 导出数据后要及时进行备份和存储，将原始数据备份到安全的存储设备上，以防数据丢失或损坏。同时，也可以对导出的数据进行整理和分类，方便后续的处理和分析。

操作任务2

红外热成像相机数据导出

一、操作准备

1. 了解文件格式。红外热成像相机捕捉的数据通常会以特定的文件格式进行保存，如 BMP、JPG、PNG 等图像格式。

2. 准备 SD 卡读卡器。确保有 SD 卡读卡器以便将数据从相机传输到计算机。

3. 检查环境条件。确保环境温度不低于 5 ℃，湿度不大于 85%，并避免灰尘、烟雾等影响镜头清晰度的因素。

二、操作步骤

步骤 1 确保无人机已完成飞行任务并安全着陆。

在飞行过程中，红外热成像相机已经拍摄并存储了相关的红外热图像数据，这些数据一般保存在无人机的机载存储卡中。

步骤 2 根据无人机的型号和所使用的红外热成像相机，选择合适的导出方式。

对于支持手机快传功能的无人机，可以通过开启无人机和手机的蓝牙及 WiFi 功能，使用 DJI Fly App 等官方应用程序实现无线数据导出。这种方式无须物理连接，方便快捷。

如果无人机不支持手机快传功能，或者出于数据安全、传输速度等方面的考虑，可以选择使用数据线连接无人机和计算机进行数据导出。使用 USB-C（或 Type-C）数据线将无人机与计算机连接，通过计算机的资源管理器打开无人机的机载存储卡（通常显示为 SSD、SD 或 CARD 等磁盘），找到存储红外热成像相机数据的文件夹（如 DCIM、100MEDIA 等），选择需要导出的数据文件，将其复制到计算机的指定文件夹中。

步骤 3 对于支持 SD 卡存储的无人机，可将 SD 卡取出，通过读卡器连接到计算机上进行数据导出。

这种方式同样需要找到存储红外热成像相机数据的文件夹，并选择需要导出的数据文件。在导出数据的过程中，需要注意保持无人机和计算机的连接稳定，避免因连接中断导致数据丢失或损坏。同时，也要确保导出的数据文件完整无损，以便后续的数据处理和分析工作。

三、注意事项

1. 根据需求选择合适的数据导出格式，确保计算机能够打开和处理这些文件。

2. 不同型号和品牌的无人机红外热成像相机数据导出方式可能存在差异。因此，在进行数据导出之前，应参考无人机的用户手册或官方指南，了解具体的导出步骤和注意事项。

操作任务 3

激光雷达数据导出

一、操作准备

1. 软件安装。确保已安装 ArcGIS Pro 或 QGIS 软件及其拓展模块。
2. 数据准备。准备好激光雷达数据文件。
3. 环境设置。确保 ArcGIS Pro 和 QGIS 的坐标系、长度单位和面积单位设置正确。

二、操作步骤

步骤 1 将采集到的激光雷达数据导入到相应的处理软件中，如大疆智图、Terrasolid、3DReshaper 等。在导入数据时，需要确保数据的完整性和准确性。

步骤 2 在软件中对激光雷达数据进行预处理，包括去除噪声点、区分地面点和非地面点等。

步骤 3 根据需求生成数字高程模型（DEM）、点云数据或其他相关衍生品。在生成过程中，可以设置相应的参数以优化数据质量。

步骤 4 将处理好的激光雷达数据导出为所需的格式，如 LAS、PLY、PCD 等。在导出时，可以选择是否包含附加信息，如坐标系统、投影信息等。

三、注意事项

1. ArcGIS Pro 软件

（1）"添加表面信息"工具需要 3D Analyst 扩展模块支持。

（2）确保属性表包含 X、Y 和 Z 值。

（3）导出前检查所有参数设置，确保输出文件的准确性。

2. QGIS 软件

（1）导出文件时，QGIS 使用基于平铺的渲染，可能会在栅格中出现可见的"接缝"。

（2）移除在导出分辨率下没有明显差异的顶点，以减少文件大小和复杂性。

（3）非常大的文件可能无法在其他应用程序中加载，需要留意文件大小。

3. 具体的导出步骤可能因不同的处理软件和无人机型号而有所差异，在进行数据导出时，应参考相应软件的用户手册或官方指南，以确保操作的正确性和有效性。

学习单元 3　图片／视频的查看、命名

一、图片／视频查看、命名的方法

1. 手机查看、命名

（1）查看。部分无人机可通过手机直连，无须流量即可快速下载素材至手机相册。

（2）命名。打开手机相册，选择自己想重命名的照片／视频，打开后点击右下角的"更多"，在列表中选择"重命名"即可。

（3）整理。可按照时间序列或地理位置信息等进行整理归档。

2. 计算机查看、命名

（1）查看。用数据线将计算机和无人机连接起来，运行相关软件后，将素材从软件移动至计算机，即可查看。

（2）命名。打开素材，选择自己想重命名的素材，右键点击后，在列表中选择"重命名"，即可完成命名操作。

（3）整理。可按照创建时间、修改时间、拍摄时间等进行整理归档。

二、图片／视频查看、命名作用

1. 方便快速了解拍摄内容

无人机拍摄的图片／视频初始名称为数字，不便快速识别。通过命名整理，使用者可通过关键字、标签等轻松查找文件。

2. 方便后续的图片／视频应用

（1）查看、命名帮助使用者了解拍摄内容，将内容进行对比，查看区别和变化。

（2）可快速挑选高质量照片／视频，删除无效内容以节省内存。

（3）按对象、项目、主题等对内容进行分类，有助于后期翻看、查找。

职业模块 ④
维护保养

培训课程 1

维护

学习单元 1　拆卸安防载荷

根据安防无人机在侦查监控等领域的应用需求,其核心任务载荷主要为光电设备。本学习单元聚焦于对相机镜头及其相关组件、红外探测传感器及激光雷达等关键部件的拆卸。

无人机的拍摄系统由相机镜头和云台等精密设备构成。相机维护主要是对相机镜头进行定期清洁和对焦校准,保证图像的清晰度;对云台的稳定性和旋转范围进行检查,确保相机能够灵活调整拍摄角度;对图像处理系统进行评估和优化,提升数据处理的效率和准确性。

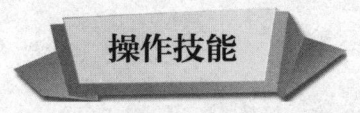

载荷检查

一、操作准备

1.工具准备。内六角旋具、小镊子、十字旋具、一字旋具、电烙铁等;装有可读取智能电池信息软件的移动设备或计算机。

（1）内六角旋具,无人机的机架、电机、云台、载荷等部件的固定螺丝多为内六角螺钉,需要使用内六角旋具进行拆卸和安装。

（2）小镊子,在载荷的检查训练中用以夹取细小的电子元件、导线、焊锡等。

（3）十字旋具，用于拆卸和安装无人机外壳、电池仓等部位的十字槽螺钉。

（4）一字旋具，用于拆卸和安装无人机上的一字槽螺钉，如部分传感器、支架、载荷等部位的螺钉。

（5）电烙铁，用于焊接或拆焊无人机的电子元件，如电路板上的电容、电阻、连接线等。

2. 环境准备

（1）保持环境清洁，检查前可用吸尘器或湿抹布除去屋内的灰尘，避免在灰尘较大环境下进行，以保持零部件的清洁。

（2）禁止在检查时抽烟，烟尘及焦油会将其他脏物黏附起来，更容易造成污染。

二、操作步骤

步骤1 检查云台

1. 查看云台的减振支架是否有破裂、折弯和变形等不水平的情况，如图4-1所示。如果云台的减振支架不水平，需尽快更换以保证云台正常使用。

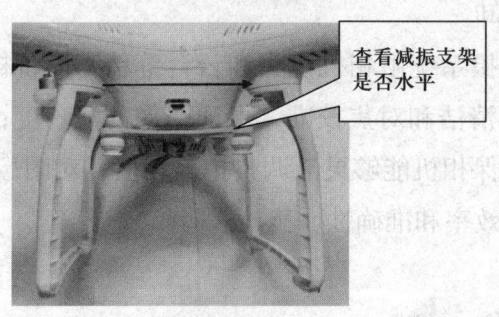

图4-1 检查云台

2. 云台Yaw轴是侧航角方向轴，即控制向左和向右的方向轴。检查时要注意Yaw轴伺服电机轴是否变形、Yaw轴轴盖是否变形、双pin排线接口是否变形、相机主板Yaw轴电机轴是否变形，如图4-2所示。

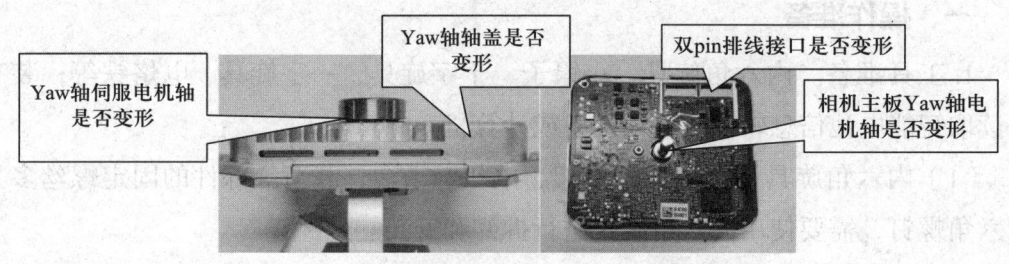

图4-2 检查云台Yaw轴

3. 查看相机主板上有无元器件脱落、PCBA 板（已经焊接了电子元器件的主板）是否有变形、Yaw 轴连接件是否变形、Yaw 轴支架减振固定位是否变形，如图 4-3 所示。

图 4-3　检查相机主板、PCBA 板、Yaw 轴连接件和支架减振固定位

4. 云台 Roll 轴是翻滚角方向轴，即控制视觉旋转的方向轴。检查时要注意 Roll 轴支架是否变形、Roll 轴电机是否脱落、Roll 轴的 FPC 排线（电子设备内部的连接线，能够实现信号和电力的传输）是否断裂。有故障的云台 Roll 轴如图 4-4 所示，状态良好的云台 Roll 轴如图 4-5 所示。

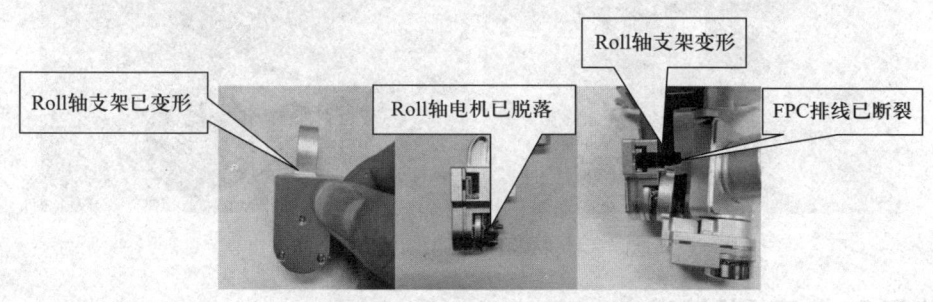

图 4-4　有故障的云台 Roll 轴

图 4-5　状态良好的云台 Roll 轴

5. 在 Roll 轴外观无变形和电机无脱落的情况下，进一步检查 Roll 轴电机是否松动，可以用左手固定 Roll 轴支架，右手轻轻摇摆 Roll 轴电机，如松动则应更换。

6. 云台 Pitch 轴是俯仰角方向轴，即控制向上和向下的方向轴。检查时要注意 Pitch 轴电机是否变形，Pitch 轴轴盖是否变形，Pitch 轴电调板是否变形，Pitch 轴支架是否变形。有故障的云台 Pitch 轴如图 4-6 所示，状态良好的云台 Pitch 轴如图 4-7 所示。

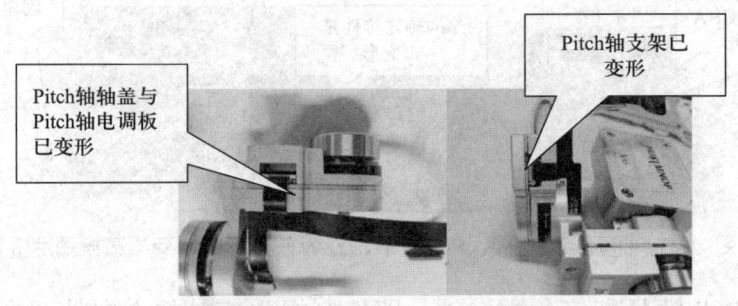

图 4-6　有故障的云台 Pitch 轴

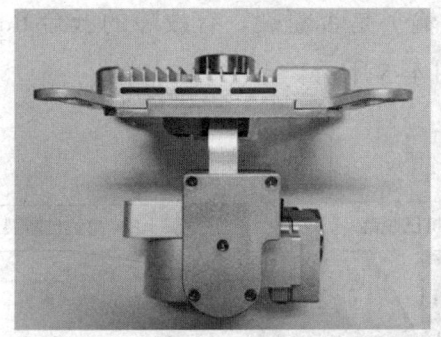 

图 4-7　状态良好的云台 Pitch 轴

步骤 2　检查相机镜头

1. 检查镜头是否有划痕和破损点，镜头接口是否有发霉腐蚀等痕迹。
2. 在云台无异常的前提下，打开地面站进入相机界面，以白色纸张为背景拍照，在计算机上打开拍摄的图片（见图 4-8），查看拍摄的图片是否有斑点或偏色，再次确认镜头有无遮挡物或者破损点等影响拍照效果的问题。

步骤 3　检查红外热成像相机

红外热成像相机的检查主要包括：仔细检查镜头是否有灰尘或污渍，避免影响红外热成像相机的成像质量和测温准确性；确认被测物体的温度是否在红外传感器的测量范围内，超出范围可能会导致测量结果不准确或设备损坏。

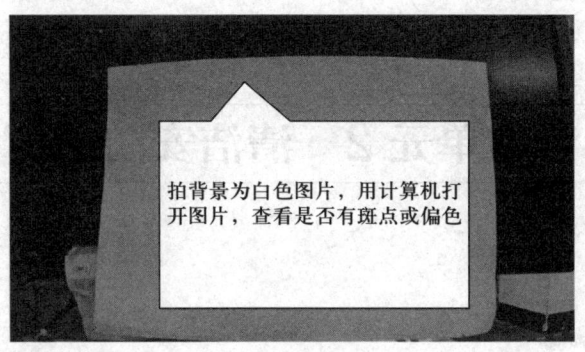

图 4-8　拍摄的图片

步骤 4　检查激光雷达

激光雷达的检查主要包括外观及硬件检查、系统性能检查、数据质量检查、软件及数据处理检查。在外观及硬件检查中，要检查外壳、关键零部件、连接线和电池等是否完好无损；系统性能检查则涉及激光发射性能、数据采集频率、测量精度和环境适应性等方面；数据质量检查包括点云数据的完整性、精度、噪声点滤除和一致性等；软件及数据处理检查关注数据处理软件的功能、数据格式的兼容性。

三、注意事项

1. 不要随意拉扯云台的线材。

2. 在 Yaw 轴外观无变形、元器件无脱落和 SD 卡能正常插拔的前提下，可以通过开机测试云台能否正常自检、Yaw 轴电机是否能自动回到零位。

3. 在 Pitch 轴外观无变形和电机无脱落的情况下，可以将云台整机连接到无人机主体，通过开机测试云台能否正常自检、Pitch 轴能否正常俯仰及能否正常回到零位。

> **小贴士**
>
> 1. 如出现云台不受控、乱摇摆情况，通常可能是电位器损坏，导致云台的电机无法获得正确的控制信号。
>
> 2. Roll 轴电机与 Pitch 轴支架为组合件，无论是 Roll 轴电机损坏还是 Pitch 轴支架变形，都必须同时更换组合件。

学习单元 2 清洁安防载荷

载荷清洁

一、操作准备

1. 工具准备。内六角旋具、小镊子、十字旋具、一字旋具、电烙铁等；湿抹布、橡皮擦、清洁剂、清洁刷、吹风机、吹风枪及罐装压缩空气等。

2. 环境准备

（1）保持环境清洁，操作前可用吸尘器或湿抹布除去屋内的灰尘，避免在灰尘较大的环境下进行，以保持零部件清洁。

（2）禁止在清洁时抽烟，烟尘及焦油会将其他脏物黏附起来，更容易造成污染。

二、操作步骤

步骤1 清洁云台

1. 可以用橡皮擦清洁氧化的或是有损坏的金属接触点，情况严重则应更换零部件。

2. 可以用湿抹布擦拭云台机身，必要时要用清水冲洗。

步骤2 清洁相机镜头

1. 使用吹风机和刷子将较大的灰尘颗粒从镜头表面吹走。

2. 要去除更细小的顽固颗粒，使用镜头布轻轻擦拭。

3. 相机镜片注意不要用手直接触摸，可以用镜头清洁剂清洁污点，但不可以直接用水冲刷。

4. 使用吹风机清除相机内部的灰尘，要将镜头方向朝下，更容易将灰尘吹落。

步骤3 清洁红外热成像相机和激光雷达

1. 关闭电源，确保设备处于安全状态。

2. 准备一块干净的软布或专用镜头清洁纸。

3. 轻轻擦拭镜头表面，注意动作要轻柔，避免用力过猛。

4. 如果镜头上有顽固污渍，可蘸取少量镜头清洁液，再用软布轻轻擦拭，直至污渍清除。

5. 检查镜头是否干净，确认无残留污渍后，将设备放置在通风干燥处晾干。

三、注意事项

1. 虽然大部分电路板都有覆盖保护漆，但清洁时切记不能有液体进入云台的电路板，尤其是带有腐蚀性的液体。

2. 云台离地面更近，起飞的时候尽量选择一些干净的场地，以免云台和云台电机缝隙落入灰尘，这也是对云台的一种保护。

3. 清洁完成后，要将设备放置在通风干燥处彻底晾干，确保所有部件完全干燥，避免因潮湿导致设备发霉或电路短路等问题。

小贴士

1. 云台装有 IMU，由于云台需要确保测量精度，设计时没有配减振功能，所以云台的 IMU 很脆弱。

2. 运输过程尽量用云台卡扣和支架夹住载荷，减少运输过程中的撞击。

3. 红外热成像相机和激光雷达也需存放在干燥无尘的环境中，如需移动务必装箱运输。

学习单元 3　机体检查与基础维护

本学习单元主要以四旋翼无人机为例介绍机体检查与基础维护方法。

操作任务 1

机体检查

一、操作准备

1. 工具准备。根据检查项目需求，提前准备好各类工具，如扳手、旋具、万用表、手电筒、清洁布等。确保工具齐全、完好,且已进行适当的消毒处理,以免污染机体。同时,将工具整齐地摆放在工具箱或工具架上,便于取用和归还。

2. 环境准备

(1)保持环境清洁,检查前可用吸尘器或湿抹布除去屋内的灰尘,避免在灰尘较大环境下进行,以保证零部件的清洁。

(2)禁止在检查时抽烟,烟尘及焦油会把其他脏物黏附起来,更容易造成污染。

二、操作步骤

一般无人机功能出现问题时才会对整个机身进行彻底拆卸检查,因此这里的机身检查是指对无人机的机身外观进行检查。

步骤1　检查螺旋桨底座

仔细观察每个底座,确保没有明显的损坏或变形迹象,如图4-9所示。

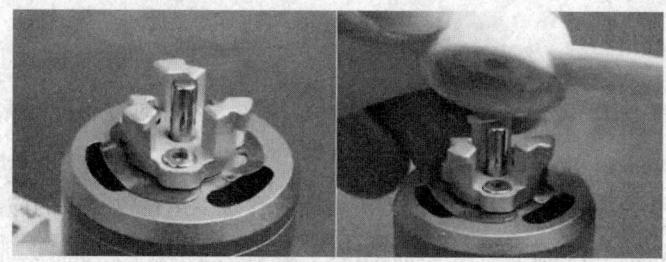

图4-9　检查螺旋桨底座

步骤2　检查电机

轻轻转动每个电机,仔细观察其外观是否有刮伤、变形或存在堵转现象。

步骤3　检查上盖

检查上盖外观有无刮伤、变形,如图4-10所示。

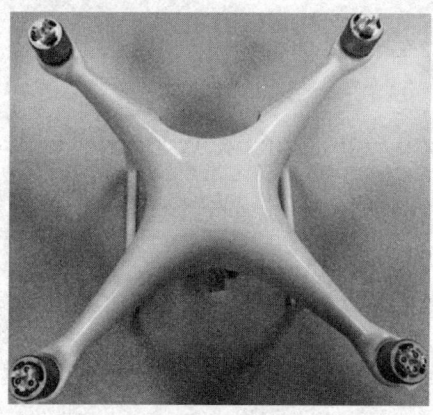

图4-10　上盖

步骤4　检查中盖

检查中盖外观（包括前视、后视、红外测距模块）有无刮伤、变形，如图4-11所示。

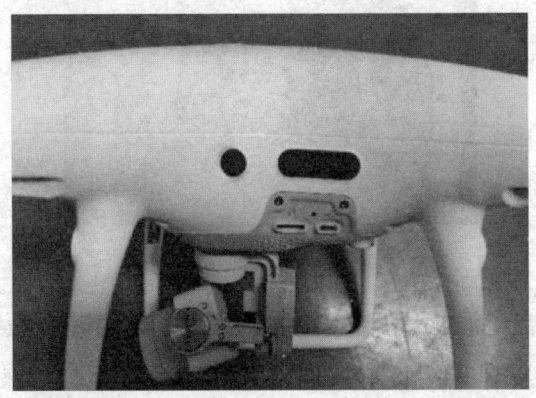

图4-11　中盖

步骤5　检查底壳和视觉定位系统

检查底壳和视觉定位系统的外观，注意观察是否有损伤或变形，如图4-12所示。

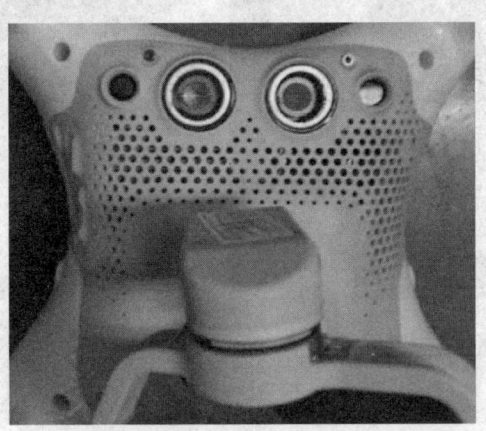

图4-12　底壳和视觉定位系统

步骤6　检查脚架

仔细观察脚架是否有变形、损坏，以及是否存在大面积的磨损或断裂现象，如图4-13所示。一旦发现脚架有损伤，应立即进行修复或更换，以确保无人机的飞行安全和操作的可靠性。

步骤7　检查云台和相机

拆开云台和相机，如图4-14所示，检查主控板是否干燥，如果有防水贴，则观察防水贴是否进水变红。

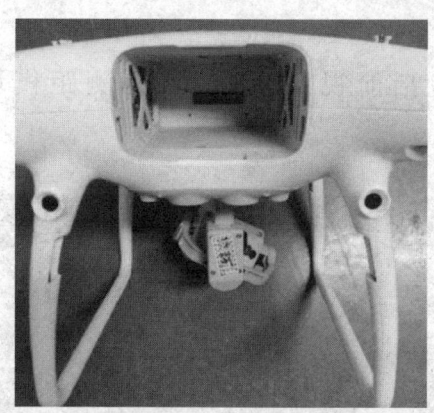

图 4-13　左右脚架

步骤 8　检查云台电源板、风扇组件、加速度计和减振板组件

检查云台电源板、风扇组件、加速度计和减振板组件外观是否有变形或损坏，排线是否接触不良，如图 4-15 所示。

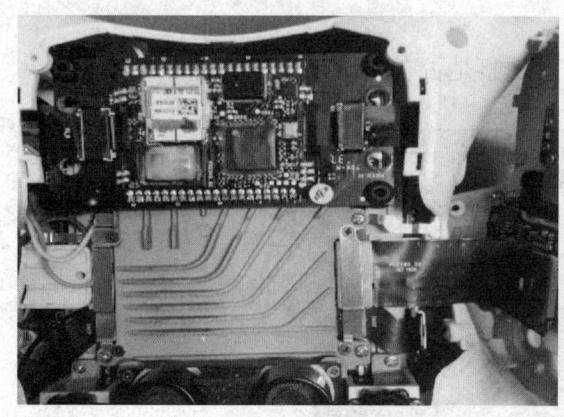

图 4-14　云台和相机主控板

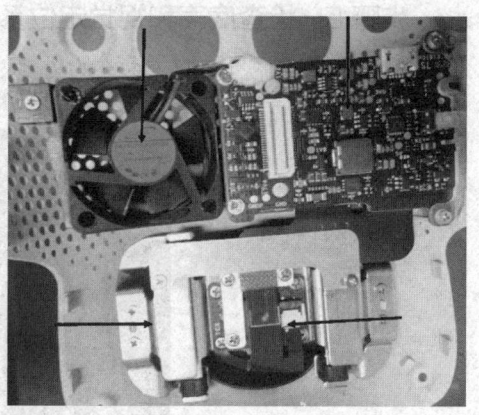

图 4-15　云台电源板、风扇组件、加速度计和减振板组件

步骤 9　检查 Roll 轴支架、Roll 轴电调后盖、Pitch 轴支架

检查 Roll 轴支架、Roll 轴电调后盖、Pitch 轴支架外观是否损伤变形，如图 4-16 所示。

步骤 10　检查 Yaw 轴护线盖、FPC 排线、镜头外壳组件和 Pitch 轴盖板

检查 Yaw 轴护线盖、FPC 排线、镜头外壳组件、Pitch 轴盖板是否损伤变形，如图 4-17 所示。

步骤 11　检查 Roll 轴电机、Pitch 轴电机和镜头

分别转动云台和相机相关的 Roll 轴电机和 Pitch 轴电机，检查电机是否松动或卡转，检查镜头滤镜是否破损或有污渍，如图 4-18 所示。

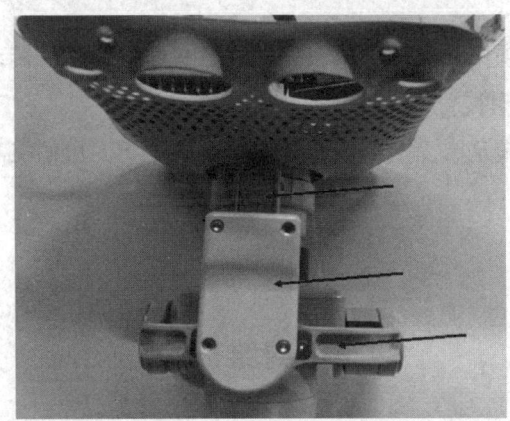

图 4-16　Roll 轴支架、Roll 轴电调后盖、Pitch 轴支架

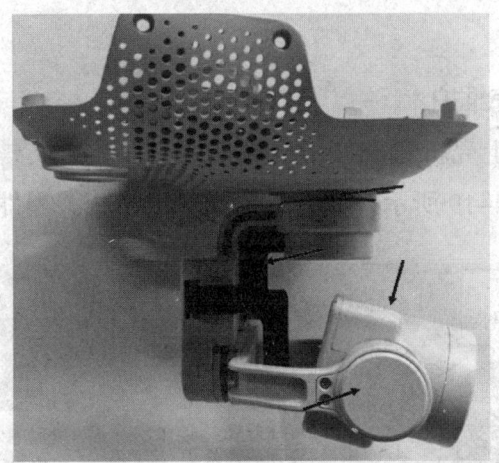

图 4-17　Yaw 轴护线盖、FPC 排线、镜头外壳组件和 Pitch 轴盖板

图 4-18　Roll 轴电机、Pitch 轴电机和镜头

小贴士

1. 所有检查都无须用太大的力量，尤其注意有连接线和可转动的电机等动态部件，以免用力过大损坏零部件。

2. 以上操作步骤满足市面上绝大部分安防多旋翼无人机的机身检查需要。

操作任务 2

机身维护

对于无人机的维护主要是预防性维护，定时替换简单的或者次要的零部件，一般不涉及复杂的维修操作。

一、操作步骤

步骤 1　机身上壳维护

检查是否有机翼上壳折弯和变形导致的零件不重合、螺钉柱开裂、机翼固定壳开裂等情况，如图 4-19 所示，如有，需及时更换相关零件。

图 4-19　机翼上壳折弯和变形、螺钉柱和机翼固定壳开裂

此外，螺钉柱脱落会导致上壳安装不紧，机壳裂开或者上壳变形会致使机壳和上壳无法重合，如图 4-20 所示，飞行过程中容易出现机壳脱落的风险，需在定期维护时及时更换。

图 4-20　螺钉柱脱落、机壳裂开和上壳变形

步骤 2　机身下壳维护

检查是否有机翼固定座熔化变形、机翼轻微变形、下壳连接件变形等情况，如图 4-21 所示，如有，需要及时更换。

图 4-21　机翼固定座熔化变形、机翼轻微变形、下壳连接件变形

二、注意事项

1. 机身上壳、机身下壳、机翼出现变形、破损、腐蚀、错位、扭曲、折弯、不重合、熔化等外观不完整甚至影响性能的缺陷，都需要及时更换。

2. 出现螺钉缺失、被腐蚀、滑丝、断裂、镶块螺母脱落、螺钉无法紧固、螺钉柱开裂和脱落等现象，需要及时更换螺钉或螺钉柱。

3. 若零部件有轻微的损伤，要根据实际情况判定是否需要更换零部件。

4. 更换的零部件首选同一品牌同一型号，如果条件不允许，在保证安全的前提下谨慎替换，防止出现连接件不重合等安全问题。

 小贴士

机身维护属于预防性维护，不同应用场景的安防无人机维护要求不同，一般常用的安防无人机每飞行 20 h 需要进行一次日常预防性维护，使用较少的无人机每 50 h 也要进行一次日常的预防性维护。

学习单元 4　系统软件及固件的升级

一、系统软件

系统软件是无人机操作系统的核心，不仅包括无人机本身的控制软件，还涵盖了地面站使用的应用程序。这些软件共同构成了无人机的"大脑"，负责处理飞行数据、监控无人机状态、执行飞行任务及与驾驶员进行交互。系统软件通常具备高度的模块化和可扩展性，支持通过软件升级来引入新功能或改进现有性能。

二、系统固件

系统固件是指设备内部保存的设备驱动程序，是实现无人机按照标准的设备驱动实现运行动作的关键。它通常存储在无人机的非易失性存储器中，是无人机硬件设备的"灵魂"。系统固件包含了必要的驱动程序和低级控制代码，直接与无人机的硬件组件交互，如电机控制器、传感器、GPS等，确保这些组件能够按照预定的方式协同工作。固件升级可以修复硬件缺陷、优化系统性能或添加新的硬件支持。

操作任务 1

系统软件升级

系统软件升级通常称为软件更新，是确保无人机功能与性能保持最新状态的关键步骤。如果已经更新了无人机的固件，那么就应该相应地进行软件更新。

一、操作准备

1. 准备升级工具。根据选择的升级方法（App 升级或计算机升级），准备相应的工具。如果是 App 升级，要确保 App 已安装在移动设备上并更新至最新版本。如果是计算机升级，要准备好专用的连接线和调参软件（如果需要）。

2. 设备准备。确保飞行器和遥控器都已充满电，避免升级过程因电量不足而中断。

3. 互联网连接准备。升级过程中需要连接互联网，确保设备处于稳定的网络环境中。

4. 兼容性确认。了解无人机型号和当前固件版本，以便在官方网站上选择与设备兼容的软件版本。

5. 备份数据。在升级之前备份飞行器和遥控器上的重要数据，以防在升级过程中发生数据丢失。

二、操作步骤

步骤1　访问官方网站
访问无人机制造商的官方网站，以获取最新的软件信息和资源。

步骤2　下载最新版本
在官方网站上找到适用于无人机型号的最新应用软件版本，并进行下载。

步骤3　检查兼容性
在安装前，确认下载的软件版本与无人机型号及当前固件版本兼容，避免潜在的兼容性问题。

步骤4　备份数据
在进行软件更新之前备份无人机上的重要数据和设置，以防更新过程中发生数据丢失。

步骤5　安装更新
按照提供的指南或说明，将下载的软件安装到无人机上。在整个更新过程中，确保无人机与手机或计算机保持稳定连接，以便软件顺利传输和安装。遵循制造商提供的所有安全指南和建议，以确保无人机的安全和性能。

步骤6　测试更新效果
更新完成后，进行一系列的测试飞行，以确保更新后的软件运行正常，所有功能均按预期工作。

 小贴士

　　1. 使用计算机升级的上电顺序：遥控器或是飞行器已连接计算机后，再开启遥控器或飞行器的电源。

　　2. 飞行器软件升级后，飞控参数（如飞行器返航高度、距离限制等）可能会恢复出厂设置，在升级完成后需重新设置。

　　3. 遥控器软件升级后，遥控参数可能会恢复出厂设置，为保证安全，一定要重新设置。

操作任务 2

系统固件的升级

一、操作准备

1. 准备升级工具。根据选择的升级方法（App 升级或计算机升级），准备相应的工具。如果是 App 升级，要确保 App 已安装在移动设备上并更新至最新版本。如果是计算机升级，要准备好专用的连接线和调参软件（如果需要）。

2. 设备准备。确保飞行器和遥控器都已充满电，避免升级过程因电量不足而中断。

3. 互联网连接准备。升级过程中需要连接互联网，确保设备处于稳定的网络环境中。

4. 环境准备。选择一个干净、无干扰的环境进行升级，避免在升级过程中受到外界因素的干扰。

5. 备份数据。在升级之前备份飞行器和遥控器上的重要数据，以防在升级过程中发生数据丢失。

二、操作步骤

步骤 1 飞行器升级

一般的固件升级方法是下载最新固件版本后安装升级，但由于市面上大部分品牌无人机都有自主研发的 App，也可以通过 App 升级。首先检查飞行器和遥控器的固件版本（见图 4-22），固件版本过低会影响飞行器的正常使用，如出现使用过程中 App 图像显示不正常等，应尽快将飞行器和遥控器固件升级为最新版本。

1. 使用 App 升级

（1）打开 App，遥控器和飞行器都保证开启并处于连接状态。

（2）使用连接线或无线网络连接移动设备至飞行器的调参接口。

（3）根据 App 的提示进行固件下载升级，升级的时候需要连接互联网。

（4）升级完成后，重启飞行器。

2. 使用计算机升级

（1）给飞行器上电，使用专用的连接线连接飞行器的调参接口至计算机。

（2）官网下载需要升级的固件版本，在飞行器上安装升级；一些厂商提供调参软件，可以一键升级固件。

（3）升级完成后，重启飞行器。

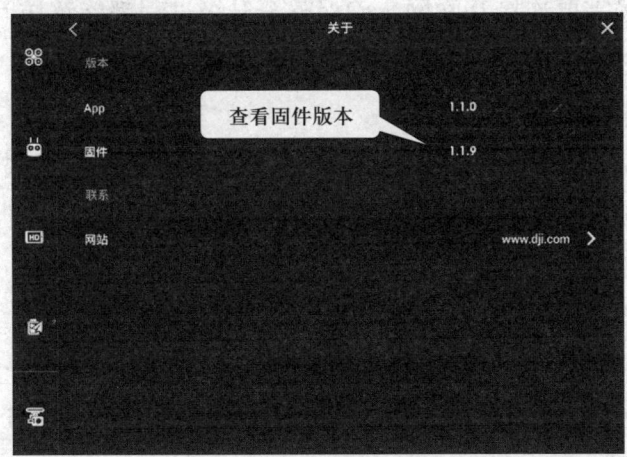

图 4-22　查看固件版本

步骤 2　遥控器升级

1. 使用 App 升级。开启遥控器并与 App 连接，根据 App 的提示进行固件升级。升级时需要连接互联网。

2. 使用计算机升级

（1）给遥控器上电，使用专用的连接线连接遥控器至计算机。

（2）官网下载需要升级的固件版本，在遥控器上安装升级。

（3）升级完成后，重启遥控器。

3. 使用 Micro SD 卡升级

（1）访问遥控器制造商的官方网站，根据遥控器型号下载最新的固件文件，通常为".zip"或".bin"格式。

（2）选择一张容量至少为 100 MB 的 Micro SD 卡，确保其格式化为 FAT32 或 ExFAT 格式，并没有损坏。

（3）使用 Micro SD 卡读卡器将下载的固件文件（如果为".zip"格式需先解压缩）拷贝到 Micro SD 卡根目录下。

（4）将 Micro SD 卡插入遥控器的 Micro SD 卡槽中。打开遥控器电源，遥控器会自动检测到 Micro SD 卡中的固件文件并开始升级。在升级过程中，保持遥控器电源稳定，避免中断。

（5）升级完成后，遥控器会自动重启，此时取出 Micro SD 卡，完成升级。

三、注意事项

1. 大多品牌不支持同时升级飞行器和遥控器，需分开升级。

2. 升级的时候需要连接互联网，确保整个升级过程都能够访问互联网。

3. 确保升级过程中飞行器和遥控器电量在 50% 以上。

4. 升级过程中不能插拔连接线。

5. 升级一般需要 15~30 min，过程中出现云台无力、状态指示灯异常闪烁等问题都属于正常现象，耐心等待升级完成即可。

学习单元 5　紧固件检查维护

紧固件是指用于将两个或多个部件连接在一起的机械元件，其主要作用是固定或紧固部件，使其保持相对位置或状态，确保部件之间能够协同工作。在多旋翼无人机中，紧固件通常包括各种螺钉、螺母、螺栓、垫圈、销钉等。例如，电机座与无人机机架之间通常使用螺栓和螺母来固定；云台与机架的连接也可能用螺栓和垫圈来实现。

紧固件在无人机的结构中扮演着至关重要的角色，不仅关系到无人机的组装和拆卸，还直接影响无人机在飞行过程中的稳定性和安全性。

操作技能

紧固件检查维护

一、操作准备

1. 准备一套适合无人机紧固件检查维护的工具，包括不同型号的旋具、扳手、钳子等。确保工具的清洁和完好，以便于操作。

2. 选择一个宽敞、明亮且无强风干扰的工作环境，以确保检查和维护过程顺利进行。同时，确保工作环境的安全，避免在有易燃、易爆物品或强磁场干扰的地方进行操作。将无人机放置在稳固的工作台上，确保其稳定不动，避免在检查过程中发生意外。

二、操作步骤

步骤1　断电检查

在开始检查前，确保无人机处于断电状态，以防止触电或损坏电子元件。

步骤2　检查螺钉紧固情况

逐一检查无人机各部件连接处的螺钉，如电机座、起落架、云台等部位。使用旋具轻轻拧动，确认螺钉是否紧固。如果发现螺钉松动，需及时拧紧。

步骤3　检查连接线和插头

检查无人机所有电缆、插头连接是否牢固，确认无断裂或接触不良现象。对于连接线，检查是否有磨损、老化或裸露的线头，必要时进行更换或修补。对于插头，检查插针是否弯曲、腐蚀或松动，确保插头能够紧密地插入插座中。

步骤4　检查机械部件

除了螺钉和连接线，还需检查无人机的起落架、云台等机械部件是否完好，无磨损或损坏。起落架的磨损可能导致无人机在起飞或降落时不稳定，增加摔机风险；云台的损坏则会影响拍摄设备的稳定性，降低拍摄质量。对于磨损严重的机械部件，应及时更换。

步骤5　防松处理

对于关键部位的紧固件，可以采用防松措施，如使用防松胶、防松垫圈或弹簧垫圈等。这些防松措施可以有效防止紧固件在无人机飞行过程中因振动而松动。

步骤6　记录和标记

在检查过程中，记录下紧固件的紧固情况和发现的问题，以便于后续的维护和维修工作。对于已经更换或重新紧固的紧固件，做好标记，方便下次检查时进行重点查看。

三、注意事项

1. 在拧紧螺钉时，要避免过度用力，以免损坏螺钉头或螺纹，甚至导致连接件变形或损坏。应根据螺钉的规格和材料，按照推荐的扭矩值进行紧固。

2. 紧固件的检查维护应定期进行，特别是在无人机长时间使用或经历过剧烈振动、撞击等情况下，更应及时检查紧固件的紧固情况，以确保无人机的飞行安全。

3. 按照维保手册要求定期对紧固件进行检查和维护，不要随意拆卸或更换部件，以免造成不必要的损坏或影响无人机的性能。

> **小贴士**
>
> 1. 在进行紧固件检查和维护时，要做好个人安全防护，如戴手套、护目镜等，防止手部受伤或眼睛被飞溅的物体伤害。
>
> 2. 在拆卸和重新安装紧固件时，可以使用标记笔在部件或紧固件上做好记号，以帮助记忆拆卸顺序和安装位置，避免在重新组装时混淆部件或遗漏紧固件，确保无人机的正确组装和正常运行。

学习单元6　动力系统的检查维护

动力系统一般由电池、动力电机、电调和螺旋桨组成，其检查维护也从这四个部分入手。

一、电池

电池是动力系统中至关重要的组成部分，主要有传统电池和智能电池两类。

（1）传统电池。主要包括锂聚合物电池（LiPo）和镍氢电池（NiMH）。锂聚合物电池因轻量化和高能量密度而广泛应用于无人机领域，能够提供较高的输出功率和能量密度，但需要严格的充放电管理以确保安全和延长寿命。镍氢电池虽然环保且循环寿命较长，但能量密度较低，体积和重量较大，适合低功率长时间使用的场景。

（2）智能电池。智能电池利用先进的电子管理系统，具备实时监测电池状态、智能安全保护、快速充电和用户友好的特点。智能电池内置电子芯片可以精确控制充放电过程，并提供各种安全保护功能，如过充、过放和短路保护。此外，智能电池通常通过无人机的 App 或其他界面实时反馈电量、温度等信息，为用户提供使用建议，提升了使用便捷性和充电效率。

随着技术的进步和需求的不断变化，目前智能电池逐渐成为现代无人机的主流选择，尤其是在领先品牌中。在动力系统的维护中，重点为智能电池的检查和维护，以确保其安全性和性能的稳定性。

二、动力电机

动力电机是无人机动力系统的核心组成部分,负责将电能转换为机械动力,其设计和性能直接影响无人机的功率输出和飞行表现。现代无人机常采用无刷电机,具有高效能、低噪声和长寿命的特点。

三、电调

电调负责控制电机的转速和功率输出,以响应飞行控制系统的指令,保证无人机在不同飞行阶段的稳定性和响应性。现代电调通过先进的电子技术和算法,能够提供精确的电机控制,并支持多种飞行模式和飞行任务的需求。

四、螺旋桨

螺旋桨通过旋转产生升力,是无人机飞行中必不可少的部件。螺旋桨通常由轻质高强度的材料制成,如复合材料或碳纤维。螺旋桨的设计和选择直接影响无人机的飞行效率和稳定性,不同直径和扭矩的螺旋桨可用于不同的飞行需求,如提高升力、增加飞行时间或提升飞行速度。

操作技能

操作任务 1

动力系统的检查

一、操作准备

1. 工具准备。内六角旋具、小镊子、十字旋具、一字旋具、电烙铁和万用表等,装有可读取智能电池信息 App 的移动设备或计算机。

2. 环境准备

(1)保持环境清洁,操作前可用吸尘器或湿抹布除去屋内的灰尘,避免在灰尘较大环境下进行检查,以保持零部件的清洁。

(2)禁止在检查时抽烟,烟尘及焦油会将其他脏物黏附起来,更容易造成污染。

二、操作步骤

步骤 1　检查电池

先检查电池外壳是否有破损或者变形鼓包（见图 4-23），如电池有问题应当立刻停止使用，并进行报废处理。电池要在安全指导下才能被拆解废置。

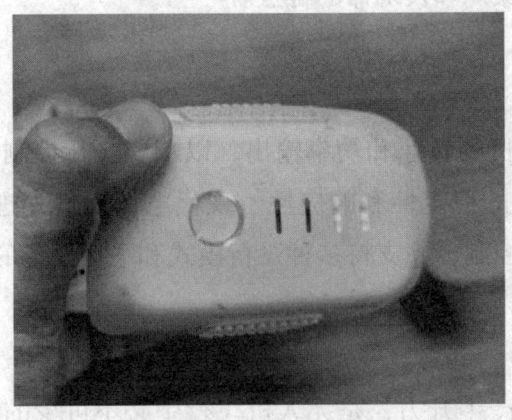

图 4-23　电池变形鼓包

检查电池插座的螺钉固定位（见图 4-24）是否破损开裂，可用旋具松开电池插座固定位的 2 个螺钉来判断；再用镊子多次按压电池信号探针，观察是否能正常弹出；最后检查电池仓是否有变形。

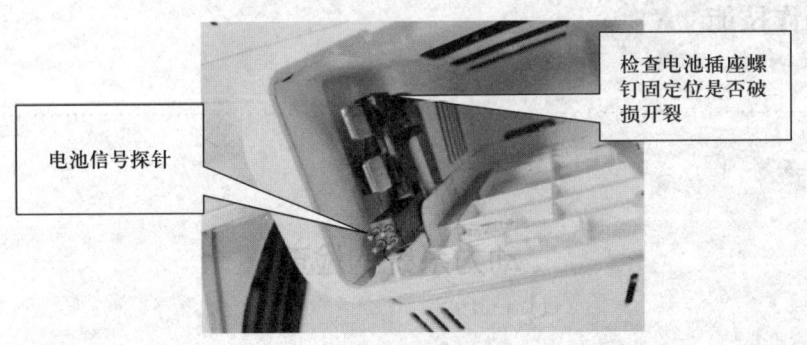

图 4-24　电池插座

如果没有外观问题，再连接电池开机，读取智能电池信息如图 4-25 所示。可通过充放电来确认电池容量的准确值，一般要求电池实际容量不能低于标称容量。检查电池的 4 组电芯电压是否均衡，偏差标准为 100 mV。最后查看智能电池的使用情况，如有报错应当立即检修或停用。

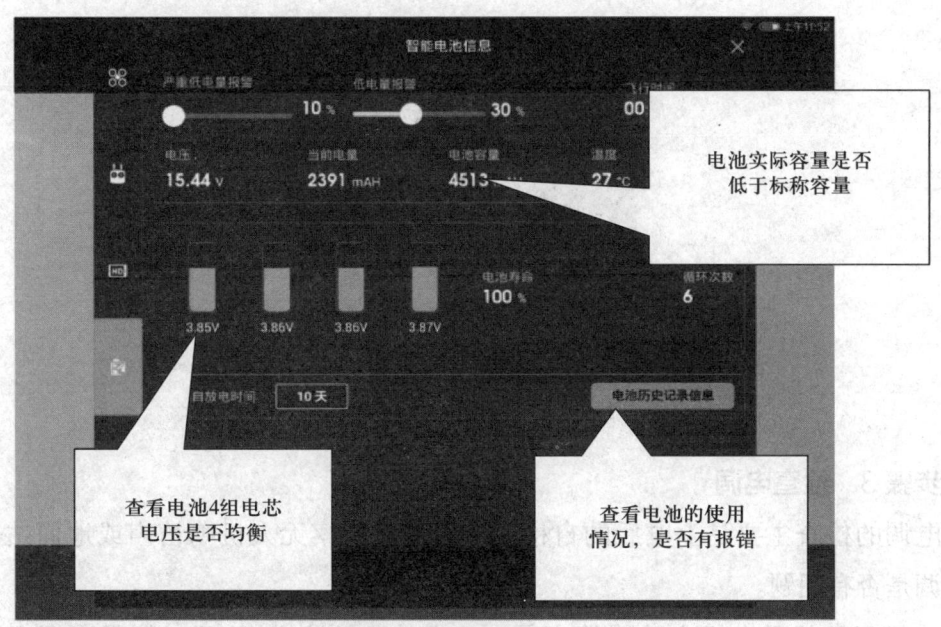

图 4-25 智能电池信息

步骤 2 检查动力电机

1. 用手略略施力转动电机,检查是否有卡转、无法转动、转动阻力过大的情况,如图 4-26 所示。

2. 查看电机线圈上是否有泥土、沙尘等杂物。

图 4-26 检查动力电机

3. 检查电机轴承是否有磨损、电机外壳是否变形、电机的固定螺钉是否有松动。

4. 确定电机的通风孔没有被遮挡。

5. 在不安装螺旋桨的情况下启动电机,观察电机转子的边缘及轴在转动中是否同心(见图 4-27),以及是否有较大振动。

如果电机出现卡转,需要用专用测试工具检测电机是否正常;如果出现上述问题,需及时更换零部件后才能重新使用无人机。

图 4-27 电机转子的转动

步骤 3　检查电调

电调的检查主要是上电后的自检，一般通过观察无人机鸣笛声或地面站来判断电调是否有问题。

一般正常的无人机启动鸣笛声是"哆来咪，长滴，短滴"，如果出现电调错误，无人机鸣笛声为持续鸣叫"滴"。检查的时候可以通过上电"听声"判断电调是否出错。如果电调出错，一般地面站会显示"电调状态错误，请断电重启飞行器""电调连接异常，请返厂维修"等不同版本的提示。

步骤 4　检查螺旋桨

1. 螺旋桨发生变形有时候很难用肉眼察觉，但变形会导致飞行动力损失，增加飞行中的安全隐患，特别是在大风条件下，影响无人机的稳定性和抗风能力。因此，在使用无人机之前，务必触摸螺旋桨检查是否有破损或断裂，必要时及时更换以避免飞行中的意外。

2. 正确区分和使用正桨与反桨对于确保无人机的平衡和效率同样至关重要，检查时要确保螺旋桨没有装反。

三、注意事项

1. 切勿在无人机电源开启的情况下进行电池拆装或检查，避免意外短路或其他潜在危险。

2. 电调故障多由场效应管损坏引起，可能表现为击穿或短路，通过视觉检查或使用万用表的欧姆挡进行测量，可以初步判断故障。由于电调的高集成度和场效应管的微小尺寸，更换时需格外小心。

3. 由于螺旋桨材质轻薄，检查时需小心操作，避免割伤手指。

4. 电调检查需要上电操作，应远离螺旋桨和电机，以防意外割伤。

小贴士

1. 一般无人机电调的上电校准步骤：关闭遥控器并断开无人机电源，打开遥控器，将油门调到最大，然后接通无人机电源，听到提示音后断开。再次接通无人机电源，等到提示音结束，长按安全开关直至灯光为蓝色常亮，将油门调到最低，出现与电池数量相等次数的提示音。

2. 一般螺旋桨的安装方法：将桨帽嵌入电机桨座并按压至底，沿着锁紧方向旋转螺旋桨到底，松手后螺旋桨将弹起并锁紧，如图4-28所示。

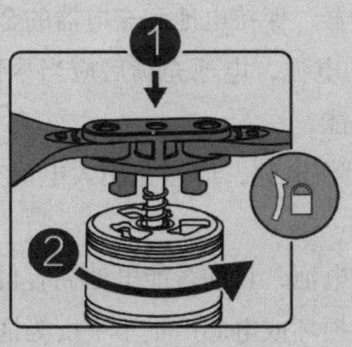

图4-28 螺旋桨的安装方法

操作任务2

动力系统的维护

一、操作准备

1. 准备一套适合的工具，包括旋具、扳手、钳子、清洁布、软毛刷、吹风机（或压缩空气罐）、湿抹布、无水酒精等。确保工具的清洁和完好，以便于操作。

2. 佩戴防护手套和护目镜，以防止在维护过程中手部被划伤或眼睛被飞溅的异物伤害。

3. 对于电机和电调维护，拆卸电机和电调前，确保已断开与无人机的连接，并做好标记，便于重新安装时正确连接。

4. 对于螺旋桨维护，拆卸螺旋桨前，确保已断开与电机的连接，并做好标记，便于重新安装时正确连接。

二、操作步骤

步骤1　电池维护

1. 飞行结束后电池温度较高，须降至室温再进行充电。

2. 电池的最佳充电温度范围是（25±3）℃，在此温度范围内充电可延长电池的使用寿命。

3. 在长时间未使用的情况下，每隔三个月左右重新充电一次可以保持电池活性。

4. 用指定充电器对电池充电，既保证安全又减缓电池损耗。

5. 平稳放置配套的充电器，保持电池和充电器的金属端子干净无异物。

6. 过度充电会严重损伤电池，电池充满后应当尽快停止充电，目前智能电池拥有满电后自动停止充电功能。

7. 大电流充电将严重损伤电池，应避免用大电流充电。目前智能电池拥有电流过大自动停止充电功能。

8. 过度放电会严重损伤电池，目前智能电池拥有自动切断放电功能。

9. 如若检测到电池电芯损坏或电芯严重不平衡等情况，应尽快更换电池。

步骤2　动力电机维护

在维护无人机的动力电机时，首先要确保电机运转顺畅，没有卡顿或异响等物理问题，这是避免潜在故障的关键。日常的清洁工作至关重要，应确保电机表面干净，无异物遮挡，以维持其散热效率和性能。可以使用拧干的湿抹布轻轻擦拭电机外部，但切记电机不可直接用流动水冲洗，以防造成电气问题。

步骤3　电调维护

维护无人机的电调时，首先要确保其干燥和清洁，避免湿气和污垢影响其电子性能；其次，固件版本过低可能会导致电调错误提示，因此日常维护的重点是定期检查并确保固件已更新至最新版本。养成定期检查和更新固件的习惯，是确保电调与无人机系统协同工作的关键。

步骤4　螺旋桨维护

每次飞行任务结束后，使用湿抹布仔细擦拭螺旋桨，以保持其清洁。在移动或收纳无人机时，务必平放螺旋桨，避免任何扭曲或折叠，以防止螺旋桨变形。同时，定期检查螺旋桨是否有裂纹或缺口，并在必要时进行更换，以确保飞行安全。

三、注意事项

1. 在没有专业指导的情况下不要擅自改变无人机动力系统的物理结构,任何不当的改动都可能影响无人机的性能和安全性。

2. 在运输电池时,确保电池电量保持在低水平(在运输前将电池放电至30%以下),有助于降低运输过程中温度变化或其他意外情况导致的安全风险。

 小贴士

1. 低温环境下,特别是在 –10～5 ℃的环境下使用电池时,务必确保电池充电充足或在充分预热后再进行无人机操作。这不仅有助于保证操作安全,还有利于电池的长期维护。

2. 低气压环境要特别留意电池的电量。低气压可能会增加无人机的能耗,因为空气密度的降低使得无人机需要更多的动力来保持飞行状态。因此,在低气压环境下应密切监控电池的剩余电量,避免因电量不足导致紧急降落或飞行中断。

培训课程 2

保养

学习单元1　安防载荷收纳存储

安防类无人机的载荷种类不单单是视频传输类，还包括各类声、光、烟等载荷，需要针对不同的载荷设备进行收纳存储。

操作技能

安防载荷收纳存储

一、操作步骤

步骤1　视频传输类载荷的收纳存储

1.视频传输类载荷的镜头和传感器部分对灰尘和湿气较为敏感。在收纳前，应使用专用的清洁工具轻轻擦拭镜头表面，去除灰尘和污渍；同时，可在收纳箱内放置适量的干燥剂，吸收可能存在的湿气，防止镜头和传感器受潮发霉。

2.选择具有一定缓冲性能的收纳盒或软质隔层，将视频传输类载荷平稳放置其中，避免其在运输或搬运过程中因振动或碰撞导致镜头偏移或损坏。确保类载荷的接口部分朝向一侧，方便后续的检查和维护。

步骤2　声类载荷

1.防振保护。声类载荷如扬声器、声呐等设备，内部结构较为精密，对振动较为敏感。在收纳时，应使用防振材料如海绵、泡沫等将设备包裹严实，再放入专用的收纳盒中。确保设备在受到外部冲击时，防振材料能有效吸收和分散振动能量，保护设备内部结构不受损伤。

2.避免强磁场干扰。部分声类载荷可能受到强磁场的影响，导致信号失真或设备损坏。在存放这些设备时，应远离强磁场源，如大型变压器、电动机等。若条件允许，可使用防磁材料对设备进行隔离保护，确保设备的正常工作性能。

步骤3　光类载荷

1.光类载荷如激光发射器、红外热成像相机等设备，对光线较为敏感。在收纳时，应使用遮光材料如黑色布袋或遮光盒等将设备完全包裹，避免设备在存放过程中受到外界光线的干扰，导致设备性能下降或损坏。

2.部分光类载荷对温度变化较为敏感，温度过高或过低都可能影响设备的正常工作。在存放这些设备时，应选择温度相对恒定的环境，避免将设备放置在温度波动较大的地方。必要时，可使用恒温设备对存放环境进行温度控制，确保设备处于适宜的工作温度范围内。

步骤4　烟类载荷

1.烟类载荷如烟雾发生器等设备，内部含有易受潮的化学物质。在收纳前，应确保设备内部干燥，可使用吹风机或干燥设备对设备内部进行彻底干燥处理；在存放过程中，应将设备放置在干燥、通风良好的环境中，并定期检查设备内部的干燥情况，及时更换干燥剂。

2.密封保存。为了防止烟类载荷中的化学物质挥发或受潮，应使用密封性良好的容器或包装袋对设备进行密封保存。确保设备在存放过程中不受外界气体和湿度的影响，保持设备内部的稳定性和安全性。

二、注意事项

1.无论何种类型的安防载荷，在存放过程中都应定期进行检查和维护。

2.根据安防载荷的类型、功能和使用频率进行合理分类存放。将相同类型的载荷放置在一起，便于管理和查找；对于使用频率较高的载荷，应放置在便于取用的位置，提高工作效率。

3.在收纳存储安防载荷时，应仔细阅读说明书，了解存储要求和注意事项。严格按照说明书的要求进行操作，避免因操作不当导致载荷损坏或性能下降。

小贴士

对于关键安防载荷，建议准备备份设备，并制定应急响应预案。在日常收纳存储过程中，除了妥善保管主用设备外，还应将备份设备按照同样的标准进行存储和维护，确保其随时处于可用状态。

学习单元 2　动力系统的保养

一、电池的报废

使用绝缘水桶装满 5% 盐水，将电池置入其中浸泡 48 h 以上，至完全放电后统一回收处理，避免污染环境。

二、电池着火处理

如遇电池着火或爆炸，应视情况使用干粉灭火器，或用沙土覆盖等方式灭火。

三、电池外壳异常处理

如果使用中电池外壳发生明显破损等异常情况，必须及时浸入 5% 盐水中，切勿再次使用。

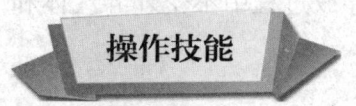

动力系统的保养

一、操作准备

1. 工具准备。内六角旋具、小镊子、十字旋具、一字旋具、电烙铁等工具；装有官方自检 App 的移动设备或计算机；湿抹布、橡皮擦、清洁剂、干燥剂、清洁刷、吹风机、吹风枪及罐装压缩空气等。

2. 环境准备

（1）保持环境清洁，保养前可用吸尘器或湿抹布除去屋内的灰尘，避免在灰尘较大环境下工作，以保持零部件的清洁。

（2）禁止在训练时抽烟，烟尘及焦油会将其他脏物黏附起来，更容易造成污染。

3. 保修准备

（1）保修卡。确保所有需要维修的设备都有相应的保修卡，以便在需要时能够快速找到相关信息进行保修服务。

（2）保险。了解设备是否有相关保险，确认保险的覆盖范围和理赔流程，确保在设备损坏时能够得到及时的赔偿和维修服务。

二、操作步骤

步骤1　电机保养

1. 及时返修维护出现卡顿、电机转子和底座剐蹭的电机。

2. 及时返修固定不牢的电机和机臂。

3. 及时返修存在破损和裂痕的电机外壳。

步骤2　螺旋桨保养

1. 更换出现明显裂痕、变形、磨损、缺口及表面有附着物的螺旋桨。

2. 使用干燥软布擦拭螺旋桨至干净无异物。

3. 一般累计飞行时长超过 300 h 或是使用超过一年应及时更换螺旋桨。

步骤3　电池保养

满足电池循环次数超过 50 次、闲置时长超过 3 个月、App 提示需要保养电池任一条件，即需要保养无人机电池。

1. 电池进行一次标准充放电操作。

2. 返厂维修更换鼓包、漏液、破损、接口损坏的电池。

3. 更换电芯损坏或过放的电池。

4. 更换循环次数超过 200 次的电池。

5. 定期升级电池固件。

步骤4　电池存放

1. 设备不使用时，应将电池取出，并且单独存放。

2. 不可将电池放置于靠近热源、易燃易爆品的地方。

3. 避免将电池长期放置在低温的室外，否则电池活性将大大降低，甚至造成电池性能不可逆的下降。

4. 保持存放环境干燥，勿将电池放置于可能漏水、冰雪融化和潮湿的地方。

5. 电池不要在完全放电状态下长期放置，以免电池进入过放状态造成电芯损害。应每 2~3 个月重新充放电一次，以保证电池活性。

三、注意事项

1. 严禁在高温环境下充电，以防着火。

2. 高温下飞行后避免立即充电。

3. 充电到充电器转绿灯后即为充满，不得长时间充电。

4. 如果电池在使用或充电时有发出异味、变形和变色等异常现象，应立即停止使用。

5. 只能在电芯规定的条件下使用电池，否则会降低电池的性能或缩短电池的使用寿命。

6. 如果飞行时电池温度达到 80 ℃以上，请尽快返航。

7. 更换后的电池在投入使用前，务必先进行试用，确保其性能稳定且符合要求。

 小贴士

1. 若发生电池漏液溅到人体皮肤，应立即用清水或碱性洗手液冲洗 15 min，并及时就医。

2. 禁止以任何方式拆解或穿刺电池。